■擦亮尘封：北京工业遗产的辉煌蜕变■

市民记忆中的
北京制造

张景秋　主编

北京联合大学应用文理学院　组织编写

杜姗姗　邱茜　编著

U0311949

北京出版集团

北京出版社

图书在版编目（CIP）数据

市民记忆中的北京制造 / 张景秋主编；北京联合大学应用文理学院组织编写；杜姗姗，邱茜编著. — 北京：北京出版社，2022.6
（擦亮尘封：北京工业遗产的辉煌蜕变）
ISBN 978-7-200-17184-6

Ⅰ. ①市… Ⅱ. ①张… ②北… ③杜… ④邱… Ⅲ. ①城市建筑—工业建筑—文化遗产—研究—北京 Ⅳ. ①TU27

中国版本图书馆CIP数据核字（2022）第093195号

责任编辑：耿苏萌
责任印制：彭军芳

擦亮尘封：北京工业遗产的辉煌蜕变

市民记忆中的北京制造

SHIMIN JIYI ZHONG DE BEIJING ZHIZAO

张景秋　主编

北京联合大学应用文理学院　组织编写

杜姗姗　邱茜　编著

出　版　北京出版集团
　　　　　北京出版社
地　址　北京北三环中路6号
邮　编　100120
网　址　www.bph.com.cn
总发行　北京出版集团
发　行　京版北美（北京）文化艺术传媒有限公司
经　销　新华书店
印　刷　雅迪云印（天津）科技有限公司
版印次　2022年6月第1版第1次印刷
开　本　787毫米×1092毫米　1/16
印　张　9.25
字　数　113千字
书　号　ISBN 978-7-200-17184-6
定　价　68.00元

前　言
preface

　　随着我国城乡居民人均可支配收入快速增加，中国经济迎来了一个全新时代，消费升级与世界市场局势的风云变幻意味着这是一个机遇与挑战并存的时代。从"中国制造"到"中国智造"，我国的制造业怀着顽强拼搏的民族精神在全球化的浪潮中奋勇前进，不断地用产品与实力征服着世界。

　　作为中华文明重要发源地之一的北京，制造活动一直贯穿于历代城市发展之中。1949年中华人民共和国成立后，从社会主义改造到"五年计划"的完成，再到实行改革开放，北京制造业得到了快速发展。中华人民共和国成立初期，为了解决就业问题、为居民提供物质生活保障，北京大力发展机械重工业、化工业、棉纺织业，国营企业所占比例较大。20世纪60年代开始，对于原料自给的渴望使得北京制造业向基础原料工业倾斜，精密制造业兴起，钢铁、化工、仪表、轻纺等产品的丰富提升了北京制造业的总体水平。20世纪80年代至今，因传统制造业的能耗、城市土地利用等问题，北京逐渐将现代化都市制造业纳入城市发展轨道，不断调整产品品类，塑造北京文化符号，同时不断调整优化产业结构，使之符合"国家首都、世界城市、文化名城、宜居城市"定位。

　　正是由于中华人民共和国成立后制造业的重点不断演变，北京始终处于制造业产品提供与技术改革的前沿，不断涌现出优秀的制造业企业与品牌，那时候的许多产品，在如今的我们看来是最正宗的"国货"。秉承"生活讲品质，消费讲品牌"的理念与初心，囊括了衣、食、住、行、用等方面的北京制造业一直致力于提升市民的生活水平与生活质量，这些穿越时光的北京制造，在每一个北京市民的心中都占据着重要的地位，蕴含着一段特殊的回忆。在我国计划经济的大背景下，"僧多粥少"与"单位制度"都在北京这座包罗万象且对发展有着强烈渴望的大城市中有着更加突出的体现。先进的技术往往都会在北京优先应用，市民们"近水楼台先得月"，拥有最早体验优秀产品的机会。电视机、电冰箱、洗衣机在北京家庭中的普及大大减轻了家庭的家务压力，并且不断丰富着市民的精神世界，在联系家庭感情、提升家庭幸福感等方面发挥了重要作用。民以食为天，童年的美食，即使再简单、再廉价，也能带给我们最单纯的快乐，北京制造的食品记忆依旧可以在舌尖上蔓延开来。日用品参与居民日常生活的点点滴滴，北京制造的日用品值得信赖与性价比极高已然成为北京市民公认的事实，持久选购北京老牌日用品的习惯也表现了大家的真心。在物资匮乏的年代，拥有"三大件"是每个家庭的美好期望，由于价格太高、数量少且不易购买，当真拥有了"三大件"，全家都深感幸福并倍加珍惜，在外都觉得胸膛更挺了。北京制造业也为大批的北京市民解决了最重要的就业问题，有着"单位"的铁饭碗，买东西有供应票不用愁，工资待遇有保障，很多北京市民最重要的青葱岁月都与北京制造有着密不可分的联系。跟随时代发展的脚步，科学技术也在不断地革新，传统制造业的式微是历史发展规律使然，但传统制造业的让位并不等同于曾经的机械、器具、厂房等物质载体与空间载体被摒弃、拆除与淘汰，城市在新的发展阶段有新的空间利用与产业安排需求，如何对已有的工业旧址遗迹加以保护并对其再利用，是我国进入转型时期以来的重要议题。如今，北京的范例便是首钢工业遗产乘着2022年北京冬季奥运会这一东风，使城市重工业历史与时代特色鲜明的冰雪运动碰撞出闪亮的火花，798

艺术区、751 D•PARK北京时尚设计广场、北焦遗址公园等工业遗产地抓住自身特色，营造出各式各样的工业遗产发展模式范本。在社会主义现代化国家建设中，这些工业遗存与城市发展紧密结合，曾经沉寂的城市角落，如今正重新焕发生机……这是时代的要求，也是历史的必然。

本书将"市民记忆中的北京制造"分为电器、饮食、日常用品、机械、工业园区、电子产业，分别形成"家用电器的斑驳记忆""家乡饮食的童年记忆""日常用品的点滴记忆""机械转动的永久记忆""工业园区的青葱记忆""电子产业的时空记忆"6个章节，前4个章节从该制造业的产品出发，向读者介绍制造产品的概况，再深入介绍制造企业的历史沿革，探寻其工业文化印记。工业园区与电子产业是孕育重工业的重要场所，在第五章与第六章它们与北京城市发展的重要关联中多有笔墨，让我们能够更直观地领略这些北京大牌制造业在历史长河中发挥的重要作用。

历史车轮滚滚，前进不曾停息，也许有些北京制造已经没落，但它们在每个市民的心中永远鲜活美丽，而每一位北京制造的参与者、贡献者、见证者，必将为人民美好生活创造新的价值，为中华民族伟大复兴贡献新的力量！

目　录
contents

第一章　　家用电器的斑驳记忆

在北京的发展历史中，曾出现过很多经典国产家电品牌，它们是北京轻工业的支柱，为北京国民经济发展立下了汗马功劳。而如今，随着以"工业4.0"为主导的第四次工业革命和互联网科技的发展，[1]有些曾经大红大紫的北京家电品牌逐渐销声匿迹，有些品牌却在时代浪潮中茁壮成长，由传统生产制造模式转向智慧生产服务，彰显了历史工业印记与新时代科技的交融创新。

可能对于如今的年轻人来说，一些家电品牌遥远而陌生，而对于"70后""80后"而言，这些"老古董"已然成为珍贵的工业遗产，曾经见证了他们的青葱岁月，构成了他们年华的斑驳记忆。

一、牡丹电视机

（一）"北京之花"声名远扬

拥有"北京之花"美誉的牡丹牌电视机诞生于我国著名的传统电视生产厂商——北京电视机厂，原厂址位于现在北京市海淀区牡丹园。20世纪70年代初，电视机依赖进口且价格昂贵，普通民众难以承担，基于助力我国电视工业成长的现实需要，国家在北京召开了第一次电视工作会议，决定组织工厂与科研单位推进彩色电视机的研制工作。1973年，北京电子仪表局批准在北京精密元件厂基础上组建北京电视机厂，从日本引进并建造了全国第一条彩色电视机生产线，生产了中华人民共和国第一台牡丹牌彩

---

[1]　董泓.智慧制造背景下传统家电制造业的转型[J].科技风,2018(06):233-234.

色电视机，国内彩色电视机生产线的建造迈出了"生产彩电以满足人民日益增长的生活文化需求"的第一步。[1] 在那个年代，拥有一台牡丹牌彩色电视机曾是中国大多数普通家庭的梦想，29英寸的"牡丹花王"曾经代表一种新时尚。20世纪80年代，牡丹电视机的市场占有率一度达到了50%以上，是绝对的行业龙头。直到90年代初，牡丹电视机的市场占有率仍维持在20%左右的高水平上，1993年产量达到了70万台，1992—1995年连续4年获得全国畅销国产商品"金桥奖"，并获得"中华名牌彩电"称号。[2]

北京电视机厂刚成立时，生产与设计能力有限，年设计生产能力为5万台，其中黑白电视机3.5万台，彩色电视机1.5万台。1974年，第一批9英寸黑白电视机问世，电视机前脸为纯黑色，中框为橙黄色，寓意黑色肥沃的土地上结出了丰硕的果实。

1979年，北京电视机厂与日本胜利公司（JVC）达成合作。有了技术支持后，北京电视机厂加大研发力度，独立自主研制了9英寸、16英寸、19英寸黑白电视机和71-1、74-1型彩色电视机，并投入规模生产。随着改革开放后普通百姓家中新"四大件"的更新换代，牡丹电视机成为人们置办电视的首要选择。

当时有一件关于牡丹电视机的趣闻令许多人都印象深刻。1984年的夏天，武汉的一群孩子在江边戏水，突然踩到了一个大个头的坚硬的东西，好奇的孩子们一起将硬物挖了出来，竟然是一台牡丹电视机。那时候普通人的月工资也才几十块钱，买这样一台电视机得三四百元，看到如此贵重的东西，孩子们惊讶不已，立刻将其送到了附近一家修理铺，并马上报告

---

[1] 还记得"牡丹牌"吗　探寻第一台国产彩电的前世今生 [EB/OL]. http://finance.people.com.cn/n1/2018/1012/c1004-30337050.html.

[2] 从"北京之花"到"中国超硅巷"：探秘牡丹集团的工业复兴之路 [EB/OL].https://city.huanqiu.com/article/9CaKrnK9Hin.

了派出所。意想不到的是，维修师傅在拆开电视机外壳将内部吹干后，电视机除了扬声器，其他部件竟然完好如初，更换了扬声器，插上电源，画面依然清晰。后来调查得知，原来是有小偷一个月前将这台电视机从一户人家偷走，因没地方存放，便埋在了当时因旱季还很干燥的沙滩里。这个故事传开后，牡丹电视机的质量引起了一片赞叹，牡丹电视机也因这个故事登上《北京日报》而声名远扬。[1]

凭着优秀的产品质量，1988年1月，北京电视机厂生产的牡丹牌37C-483P型14英寸彩色电视机在全国首届彩色电视机评比中名列第一，经国家质量奖审定委员会批准，荣获金质奖章，北京电视机厂也获得了北京市质量管理奖。[2]

（二）牡丹花开动京城

牡丹集团从20世纪70年代至今，将近50年的栉风沐雨中，有过辉煌，有过衰落。在重要的历史节点，牡丹集团选择了不同的发展道路，纵览这段历史，牡丹集团的发展有着"工业型""服务型""智慧型"三个时代特征。

工业型（20世纪80年代）："唯有牡丹真国色，花开时节动京城"最能形容20世纪80年代牡丹电视机的火爆程度。拿着电视机票购买牡丹电视机的人们在门外排起长队，从生产线上下线的电视机无须入库，直接被消费者买走，牡丹电视机一度供不应求。1985年，北京电视机厂凭借自身的实力取得了50%以上的市场占有率，获得了"中华名牌彩电"的称号。在

[1] 高卫恭."牡丹"彩电沉入长江一月　经过清洗维修收看正常[N].北京日报.1984-8-25(1).
[2] 从"北京之花"到"中国超硅巷"：探秘牡丹集团的工业复兴之路[EB/OL].https://www.sohu.com/a/237161574_99987131.

那个大力发展工业的计划经济时代，牡丹品牌的屹立是我国电子工业的一颗定心丸，在当时为数不多的工业品出口名单中，牡丹电视机占有一席之地。1986年，北京电视机厂在全国电子百强排名中名列第五，被电子部评为"国家二级企业"。在那个时代，牡丹品牌成为北京国企的一面旗帜，是北京电子工业的产业象征。

服务型（20世纪90年代初期—21世纪初）：为了扩大生产规模，北京电视机厂先后与北京电子显示设备厂、北京东风电视机厂和北京市无线电元件三厂合并重组，走向集团化的发展道路，牡丹集团从此诞生。但随着大时代的变化，我国的经济体制从计划经济转向市场经济，国内涌现出了众多彩电品牌，彩电市场风起云涌，竞争激烈程度前所未有。牡丹集团作为老牌国企，存在人员冗余、产品品种单一、盈利困难等问题，再加上科技的发展，人们趋向于选择更先进的电子产品，企业经济效益下滑严重，牡丹集团岌岌可危。2006年12月，在中关村科技园和北京电控的支持下，中关村数字电视产业园在牡丹园挂牌成立。

朝向花园路的牡丹集团西门有着低调的门头，牡丹大道一路向东，开放式的道路会让人误以为这是一处风景宜人的小公园。南侧街区与超市、餐饮店相邻，北侧坐落着中关村数字电视产业园、创业孵化器、智慧工程中心等重要创意阵地及创意文化园等。在产业园中，牡丹集团寻找到了新一轮的战略要地，即由原先的电子工业产业转向科技和信息服务业，紧跟时代走向，向数字电视行业进军，在科研开发、产业孵化和平台建设等方面都颇有成就，为首都发展增光添彩。

智慧型（2017年至今）：面对数字经济的新时代，牡丹集团以"建设智慧社会，服务美好生活"为己任，顺势而为，将原来的科技和信息服务业延伸到智能制造服务领域，大力发展智慧园区、创新科技、智慧孵化、

牡丹集团科技大厦

牡丹集团数字电视创业孵化中心

牡丹集团数字电视国家工程实验室（北京）

智能资讯、智能融媒体等数字产业，于2017年6月10日首先发布了智能制造服务平台。牡丹集团致力成为行业领先、国内知名的产业互联网方案和应用服务提供商，多领域的智慧型服务体现了牡丹集团智慧化的战略转型。2018年，牡丹集团推出牡丹C-POP爱乐实验剧场、AR/VR工程实验室、融媒体信息指挥中心、智慧工程等，均为电子信息技术的发展做出了重要贡献。

牡丹集团所在的牡丹园地区因其地理位置与产业构成而成为名副其实的中国"硅巷"，[1]靠近海淀区学院路、周边高等学府众多的优势，使它有利于依托工业遗产的遗留建筑成为科技创新的基地。一路走来，牡丹集团出色地从传统工业道路转向智慧科技创新，完成了老工业基地振兴与传统

[1]　李超.落寞牡丹芬芳记[J].国企管理,2019(07):100-103.

牡丹集团 AR/VR 工程实验室与 C-POP 爱乐实验剧场

"北京之花"牡丹集团标志

他 19年时间，
蜿蜒山路上 骑坏7辆摩托车
行驶40余万公里
累计出诊18万人次

宣传着"牡丹精神"的电子屏

品牌复兴的重要任务。

在历史的浪潮中，这朵"北京之花"有过生机盎然、熠熠生辉的荣光，也曾经历坎坷，承受了卧薪尝胆的阵痛。无论是激情燃烧的岁月，还是春回大地的时节，牡丹人都永葆对未来生活的乐观信念，一次又一次朝气蓬勃地站在时代发展的前沿。在大众需要电视提高精神生活质量的时代，他们兢兢业业，把好每道质量关，将每个家庭的夜晚点亮；而在如今需要个性化智能化服务的时代，牡丹集团励精图治、锐意创新，始终保持着饱满的上进心。

正如牡丹集团党委书记、董事长王家彬所说："如今，牡丹电视机已经走进历史，但'牡丹'品牌一直都在。当今牡丹人的一个重要使命，就是赋予'牡丹'品牌更丰富的内涵和更朝气蓬勃的生命力，用文化的信仰和科技的力量，塑造一个新'牡丹'。"相信牡丹品牌依旧可以"唯有牡丹真国色，花开时节动京城"。[1]

（三）牡丹扎根百姓家

外形朴素、功能有限的牡丹电视机在许多北京市民的成长记忆中都有着一席之地，作为家中团聚的一样"核心娱乐产品"，每个家庭都将它看成一位重要的"家庭成员"。一台牡丹电视机是孩子成长过程的见证，是家庭生活水平提升的指标，随着岁月的变迁，它也许会被尘封，但承载的生活印记依然留存。

"家家都要一台牡丹电视机"，牡丹电视机为家庭带来了更多以各种电视节目为中心的话题，老少皆宜的节目为家庭生活增添了许多乐趣，18英寸的小立方体填满了快乐的记忆。最初没有机顶盒也没有遥控器，安装在室外的天线是标配，铜、铝、易拉罐各种材质五花八门，因此天气对电视信号的影响也远比现在大得多。一个有趣的记忆便是周二下午1点到6点的检修时间，满是雪花屏是当时早早放学的孩子们每周一次的遗憾。也正是因为这样的遗憾，那些有电视看的日子更加让人印象深刻，《大西洋底来的人》《女奴》《排球女将》《血疑》等经典影视剧成为一代人的记忆。虽然节目频道不多，但人们坐在电视机前总是看得津津有味，每每回想起来，那久远记忆中夏夜里的蝉鸣与齐家的欢笑都变得尤为鲜明。

同时，牡丹电视机作为我国独具特色的计划经济时代的产物之一，也见证着时代的变迁。拿着电视机票排队买电视机是很多人20世纪80年代的记忆。电视机票一票难求，规模较大的单位往往更有机会分配电

---

[1] 牡丹花开新时代，智慧赋能新征程 [EB/OL].https://www.sohu.com/a/232728323_99979414.

视机票，每次商店开售之时，排在门口的人龙都体现了电视机的供不应求。后来随着制造技术的进步，电视机的产量逐渐提高，市场经济发挥作用，牡丹电视机不再如从前一般稀缺，逐渐走入千家万户，为更多的北京市民乃至全国的家庭带去了欢声笑语。如今，电视机早已不是什么稀罕之物，显示屏也已经发展成为液晶屏，薄、轻、清晰度高，甚至拥有了联网、互动等高科技功能。家人团聚看电视的时光日渐珍贵，但人们都记得牡丹电视机上这朵牡丹是如何在那些年中扎根百姓家、一舞绽芳华的。

二、雪花电冰箱

（一）"雪花"赠凉意

20世纪80年代，电冰箱作为高档耐用消费品，继彩色电视机、洗衣机之后成为我国轻工业产品中的又一颗新星。

中华人民共和国第一台电冰箱——雪花牌电冰箱诞生于1956年的北京雪花电冰箱厂。雪花电冰箱厂原厂址位于北京东城区净土胡同净土寺旧址，正是从这里下线的第一批电冰箱结束了我国不能自产电冰箱的历史，使得电冰箱开始成为中国家庭的标配。作为我国最早的名牌产品之一，雪花电冰箱是国人的骄傲，是人们家中首选的明星产品。北京雪花电冰箱厂的前身其实是北京医疗器械厂，之前主打医疗制冷设备，1956年厂商另辟蹊径生产了我国第一台电冰箱，但仍大部分用在医疗领域。直至改革开放后，雪花电冰箱由医用转为民用，正式打开了我国电冰箱市场的大门。

雪花电冰箱厂的发展经历了行业独霸、迷茫困顿、升级改革三个阶段。

行业独霸阶段（1956年—20世纪80年代初期）：在雪花电冰箱刚投入

北京雪花电冰箱厂旧址

曾经的雪花电冰箱厂现为某养老照料中心

生产的时候，北京雪花电冰箱厂拥有着年产80万台电冰箱的巨大产能，加之1983年从荷兰引进先进技术与生产线，更大大加快了生产速度。同时雪花电冰箱具有价格适中、性能稳定、质量好等优点，立刻得到了全民追捧，产品经常供不应求。20世纪80年代初，雪花电冰箱在全国市场的占有率达40%左右。当时流传着一句话：北有"雪花"，南有"万宝"。为了买到一台雪花电冰箱，人们需要奔波托人拿票购买，足以见得雪花电冰箱在区域行业独霸的情况。在那个年代，是否拥有一台雪花电冰箱甚至可以作为确定一个家庭贫富的依据。

迷茫困顿阶段（1984—1995年）：1984年，北京雪花电冰箱厂再次从国外引进生产线，期望将年产量再次提升，但产量与质量不好协调的问题逐渐凸显，加上主机厂"北京雪花冰箱厂"是靠老技术工人起家，生产劣势在需求量增大的情况下暴露出来，雪花电冰箱不合格率激增。[1]同时电冰箱市场中其他品牌如雨后春笋，对传统的雪花电冰箱来说无疑是雪上加霜。在经历了多年的困顿之后，1995—1997年，北京雪花电器集团公司（以下简称雪花集团）和美国惠而浦公司合资生产，在这期间生产的电冰箱仅有6万台，加之惠而浦公司产品理念与中国本土的差异，合资生产的雪花电冰箱在产品风格与大众欢迎度方面都处于劣势。

升级改革阶段（1995—2002年）：在产品融入中国市场不好的情况下，惠而浦选择退出中国，将60%的股份转让给雪花集团。雪花电冰箱当时的生产线仍有一定价值与生产潜力，雪花集团与北京市政府均希望借助一个大企业的资金、渠道、技术和管理优势，带动双方实现共赢，海信集团成为最佳的选择，两者联合也加快了北京市家电产业的结构调整和产品升级。2002年

---

[1] 乔季森.我国电冰箱工业的现状及"雪花"冰箱的发展对策[J].经济管理与干部教育,1987(02):67-70.

5月18日上午，海信（北京）电器有限公司宣布成立，该公司专事生产海信牌电冰箱。在合资公司中，海信集团和雪花集团分别占55%和45%的股份，海信（北京）电器有限公司由海信集团注入资金，雪花集团以固定资产入股，借助这样的联合方式，雪花电冰箱迎来了升级改革的新机遇。

海信（北京）电器有限公司成立以来，将雪花电冰箱原有的品质与技术很好地传承下来，并不断进行研发创新，探索电冰箱功能的多元化与智能化，提供完善的售后服务，在目前的电冰箱市场上依然享有良好的口碑，以另一种方式延续了雪花电冰箱的记忆。

（二）凉爽的夏日记忆

说起雪花电冰箱，耳畔就响起那家喻户晓的广告词，"一台雪花电冰箱，一座家庭冷冻厂，蔬菜保鲜好好好，鱼肉速冻强强强"。在20世纪80年代，北京人民的生活中贯穿着对一台雪花电冰箱的渴望，能够拥有一台，生活质量将直线提升。

不同年龄阶段的人对于电冰箱的需求不同，孩子们最希望大人们在电冰箱中填满心爱的冰镇北冰洋与经典的北京老冰棍，毕竟"冷饮自由"是炎炎夏日孩子们放学归家的动力之一。"物以稀为贵"，在街坊邻里中电冰箱也成为大家沟通的工具之一，每到天气炎热的时节，围绕着电冰箱会有许多的话题。在紧凑的四合院中，大家围坐在一起享受冷饮、水果，这些都构成了凉爽的夏日记忆。电冰箱的另一大功劳是食物储存方式的改变。在夏季，食物的储存令人头疼，尤其是在那时仍需要凭票定量购买的十分珍贵的肉类，往往需要用来款待客人，其长期储存是个难题。有了电冰箱后，这一难题迎刃而解。同时各种时令水果也不需再用传统的水泡法保鲜，转而在电冰箱中安了家，甚至非时令水果也可以。

在北京市民的日常家庭生活中，雪花电冰箱既可冷冻又可保鲜，延长食品的赏味期限，让人们能够放心地大量采购，降低生活成本，在勤俭节约的时代省去了许多不必要的开支。以雪花电冰箱为代表的老牌家用电器有着过硬的制造工艺，格外结实耐用，在岁月荏苒中成为家庭的一分子。随着家中人口不断增多，即使把电冰箱塞满也很难满足一次家庭聚餐所需的食材，越来越多的大容量、低功耗的电冰箱成为市场的"宠儿"。曾经的家庭首选的雪花电冰箱给千万个家庭带来多彩的记忆，它不仅是电器，更是一台记忆的"保险柜"，慰藉着每个为生活打拼的日子。

三、白菊洗衣机

（一）解放双手的利器

在20世纪80年代的中国，洗衣机是家庭主妇们日常生活的得力助手之一。当时在洗衣机行业流传着一句话，"北有白菊，南有水仙"。北方的家庭青睐北京的"老字号"洗衣机品牌——"白菊"，而南方的家庭则倾向于选择上海制造的水仙牌洗衣机。白菊洗衣机由全国最早生产洗衣机的国有企业——原北京洗衣机总厂制造。1984年7月，北京洗衣机总厂引进日本的双缸洗衣机投入生产，由此诞生了红极一时的国货品牌"白菊"。

白菊洗衣机有着与现代波轮洗衣机不同的外观——"双桶"，一侧为洗涤桶，另一侧为甩干桶，整个洗涤过程都需要有人在旁边适时地进行手工操作。在洗涤开始的时候需要手动设置水量与洗涤时间，水量根据衣物的数量不同而不同。洗涤完毕之后，需要手动将洗涤桶的衣物放到右侧的甩干桶，并且一定要用一块带孔的塑料小圆板压压衣服的水分，盖住甩干的衣物，否则衣物就会甩出桶外。整个洗涤过程略显烦琐，不像如今全自动的洗衣机可以完全放任其去工作。但对于当时的家庭主妇来说，白菊洗衣机一定程度上称得上是解放她们双手的革命性产品。[1]

（二）时代沉浮中的白菊

生产白菊洗衣机的北京洗衣机总厂成立于改革开放正稳步推进的1982年，1983年推出白菊单缸、双缸洗衣机，生产过程中引进了日本东芝公司的银河SD-100型喷淋双桶洗衣机制造技术及部分设备，开了国内洗衣机行业先河。1985年，白菊洗衣机正式批量生产。

一经推出，白菊洗衣机以其质量好、价格适中等优点，加上市场口碑的积累与品质保证的加持，迅速占有了较大的市场份额。1985年，白菊洗衣机获得全国轻工业优秀新产品一等奖，"白菊牌"荣获著名商标称号。同年，白菊洗衣机出口5000台，创收外汇47.6万美元，白菊洗衣机在国内与国际市场上的"双丰收"体现了其受欢迎程度。

直至20世纪90年代中后期，随着越来越多的品牌进入洗衣机市场，白菊洗衣机在产品销售量和价格等方面都受到了影响。面对激烈的市场竞争，白菊洗衣机也寻求过技术更新与引进，曾在1997年花费上亿元资金从国外引进了滚筒洗衣机生产线，虽然这是一次进步的尝试，但在那时由于国内消费者长期以来形成的洗衣机使用习惯，滚筒洗衣机在市场上没有很强的吸引力，白菊因此陷于困境之中。1998年，在洗衣机市场，白菊的产量与功能都不再能完全满足消费者需求。[2]21世纪初，白菊将洗衣机生产线从北京迁往河北霸州。

---

[1] 中国洗衣机60年：赶超世界300年 [J].家用电器,2009(10):26-29.

[2] 80后记忆犹新　盘点那些逝去的家电品牌[EB/OL]. https://tech.huanqiu.com/article/9CaKrnJKZgE.

　　留在北京主营其余生产线的北京白菊电器有限公司在生产数年之后，也最终于2018年8月开始拆除，2018年9月13日基本拆除完毕。丰台区政府申请在公司原址建设保障性住房，将用地性质调整为居住用地、托幼用地及公共绿地。

　　如今的北京白菊科技有限公司位于北京市丰台区卢沟桥南里13号，仅保留部分门店以及维修服务中心作为白菊品牌唯一厂商和售后服务定点单位。公司主营白菊品牌洗衣机销售，零配件的零售批发，同时还包括白菊品牌家用电器的代理、加盟等推广服务。经营种类多样，主要包含了新风系统、空调、中央空调、空调移机，以及冰箱、冷库、制冷设备的维修保养。"老品牌，有保障"是白菊对大众做出的郑重承诺，在产品生产尤其是售后服务上也是践行了承诺，全国统一的24小时售后服务以"我用心，你

2020年冬北京白菊电器有限公司原址大门景象

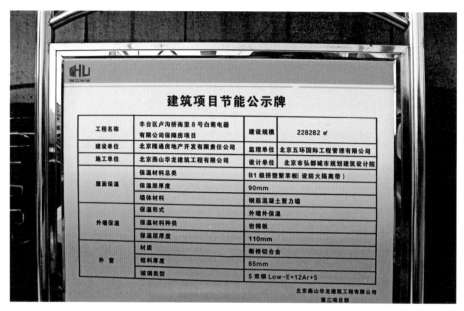

北京白菊电器有限公司原址保障房项目公示牌

放心"的承诺延续着这个40年的老品牌的服务精神，也慰藉着与白菊洗衣机一同成长的人们。

（三）民族产业的缩影

牡丹电视机丰富了北京市民的文化生活，雪花电冰箱提高了人们的生活质量，白菊洗衣机则让人们的生活方式更加轻松。与白菊洗衣机有关的记忆，总是视觉、听觉与触觉并存的，简单醒目的操作按钮，工作起来的吱吱声，还有在甩干桶工作前必须用手在桶中压紧的触感，都是北京市民生活的亲切体验。在白菊洗衣机走进千家万户的历程中，它成为北京市民生活中不可或缺的一块拼图，随着家用洗衣机向着精致与多功能发展，曾经的经典款白菊洗衣机逐渐由天天辛勤劳作的主角转变为见证家庭生活变迁的旁观者。后来随着技术的提升，白菊洗衣机也尝试为大家提供更多的选择，机型更加小巧，功能更加多元，操作更加智能，见证了家庭生活水平的变化。同时，白菊洗衣机在20世纪90年代面临着各种外来洗衣机品牌的激烈竞争，北京市民也对这一本地品牌的发展十分关注，对于他们来说，这是时代的情怀，对于北京的制造业来讲，这是曾经辉煌一时的品牌，凝聚着北京制造业发展的初心。在时代洪流中，市场的风云变幻为与白菊洗衣机类似的电器品牌布置了新的考卷，进入新时代需要精准的策略去应对。

拆除"白菊有限公司"字样后留下的痕迹

第二章　　家乡饮食的童年记忆

食品工业是工业遗产文化的有机容器，对其中的品牌与技艺以不同的手段进行保护与传承对于城市历史文化的传承与多元化城市形象的构建有重要作用。[1]

中华人民共和国成立后，我国的食品工业开始了比较系统与稳定的发展，伴随着快速的城市化与工业化进程，北京的食品工业品牌不断孕育、发展并快速崛起，[2]在工业发展变革中有着宝贵的价值。对于童年的记忆，除了儿时的玩伴、精彩的游戏、心心念念的玩具，让人印象深刻的还有虽不奢华，但却格外美味的家乡童年饮食。在我们慢慢长大的过程中，味觉帮助我们保留了关于各种食物的记忆，只要再次尝到，便会打开久远的回忆之匣。人们的饮食记忆是一座城市文化的重要组成部分。

一、红星二锅头酒

（一）京城口粮酒

与中华人民共和国共同诞生的红星二锅头酒，一直以其优秀的品质与适中的价格成为百姓家中的"口粮酒"，彰显着京味酒文化。北京的老一辈回想起红星二锅头酒，不仅是对其口感的回味，更是对那段峥嵘岁月的回望。

由烧酒发展而来的二锅头酒是京城酒文化的典型代表，发源于1680年的前门源升号。山西临汾的赵氏三兄弟在蒸酒过程中发现舍弃头锅酒和尾

[1] 管欣雨,于洋,贾超.青岛工业遗产中食品工业遗产的使用状况研究[J].城市建筑,2019,16(19):58-64.

[2] 唐开彬.砥砺奋进品牌梦——新中国食品工业发展70年综述[J].中国食品工业,2019(07):6-11.

锅酒，第二锅的酒品质最好，纯度与香气都是上品，遂将其取名为"二锅头"，源升号成为我国二锅头酒的发源地，这项技艺也代代传承下来。[1]

1949年，中华人民共和国第一家国营酿酒厂——华北酒业专卖公司实验厂成立，这就是红星的前身。实验厂合并了"源升号""龙泉"等当时老北京最具规模的12家老酒坊，继承了北京二锅头酒传统酿造技艺。实验厂建厂后便接到了一项光荣而艰巨的任务，于开国大典前酿制出迎接新中国诞生的献礼酒。干部职工们夜以继日地穿梭于厂房中，克服了天气、设备、技术、包装等困难，最终于9月生产出第一批红星二锅头酒，出色地完成了任务。红星的30多名职工也因此光荣地参加了开国大典，红星成为唯一参加开国大典的白酒企业，这是红星发展历史上浓墨重彩的一笔。

1998年，北京红星股份有限公司从文化展示的需求出发重新修缮了源升号的遗址，建成源升号博物馆。源升号最正宗的二锅头酒酿造技艺，始终沿用师徒口传心授的方式，保持神秘，绝不外传。北京二锅头酒传统酿造技艺经过一代代人传承，于2008年入选第二批国家级非物质文化遗产名录。2009年，红星作为国家级非物质文化遗产保护单位，对源升号整个遗址进行修复，2013年进一步扩建修缮，源升号博物馆逐渐成为深受游客欢迎的打卡地。

博物馆门前设置了"文官闻香落轿，武官知味下马"的铜像群雕塑，内部则延续了源升号酒坊"前店后厂"的布局。参观线路以老酒坊大厅、源升号酿酒原厂遗址、红星企业文化展示为顺序。

走进展厅内，屋顶上是几组蓝花瓷装饰的灯具，墙壁四周则展示着红星二锅头酒与源升号源远流长的历史。内容丰富的图片、文字、视频、音

[1] 运涛.源昇号与二锅头 [J].中国地名,2018(01):63-64.

"文官闻香落轿，武官知味下马"铜像

二锅头酿制过程展示

二锅头酒酿制过程雕塑

博物馆外制酒雕塑

"源升号"历史图像

经典红星二锅头酒产品展示

不断更新换代的红星二锅头酒产品

频等展示了中国白酒的种类划分、营养成分、酿造过程。此外，博物馆内还开设了一个商品区，为前来观光的游人提供丰富的二锅头酒纪念品。

（二）传统与创新的碰撞

这家与国龄相同的企业，70年时光荏苒，始终不忘初心，致力推动二锅头酒品种研发与酿造技艺传承，始终锐意进取，开拓创新，为行业和社会做出了杰出贡献。

红星二锅头酒在第一代产品基础上，历经6次产品更新，组成不断升级的红星大二系列（这里的"大二"表示酒水净含量，一般指750毫升，"小二"一般指500毫升）。每逢有创新技术与市场变化，红星都积极应对，将红星二锅头酒深厚的品牌文化与时代充分融合。

表1　7代红星二锅头酒发展情况

时间	名称	特点	生产动因
1949年—20世纪50年代中期	第一代红星二锅头	棕色酒瓶灌装、铁质皇冠盖封口，红五星、蓝飘带商标	新中国诞生献礼酒
20世纪50年代后期—60年代中期	第二代红星大二	透明白酒专用瓶灌装	便于观察酒的品质
20世纪60年代中期—80年代初期	第三代红星大二	绿色白酒专用瓶灌装	便于贮存运输，减少阳光直射对酒体品质的影响
20世纪80年代初期—90年代中期	第四代红星大二	降低酒精度数，改为高挑细长瓶	响应白酒降度指示，品质与颜值并重
20世纪90年代中期—2011年	第五代红星大二	皇冠盖改为螺旋铝盖，图标加上"红星"手写体	提高便捷性，重视品牌保护
2011—2017年	第六代红星大二	采用"端肩瓶"	打开年轻市场
2017年	第七代红星大二	凸显"红星"标志，加入年份"1680"，瓶盖改短盖为中长盖	品牌文化焕新战略，进一步升级换代

资料来源：为什么56度红星二锅头最经典？ https://www.tjkx.com/news/showm/1064504.

　　1949年—20世纪50年代中期，第一代红星二锅头酒享有新中国诞生献礼酒的殊荣。由于整个酒业市场处于起步状态，并没有白酒专用瓶的概念，第一代红星二锅头酒采用现成的棕色酒瓶灌装，封口使用铁质皇冠盖，配以红五星、蓝飘带商标。

　　20世纪50年代后期—60年代中期，红星成为百姓青睐的产品，为能生产出品质稳定的白酒，红星将原本依赖技术人员经验的生产方式升级为具有严格科学标准的规范生产方式，第二代红星大二由此诞生。同时为了便于百姓购买时清楚地看到酒的品质，这一代红星二锅头酒采用透明白酒专用瓶灌装。在计划经济的大背景之下，北京的二锅头酒供应商仅有红星一家，远远满足不了庞大的消费市场需求。作为北京地区二锅头酒的"龙头"企业，红星勇担起提升北京地区二锅头酒产量与质量的重任。当时红星以技术人员共享、酿造技艺共享等形式无私扶持帮助了19家郊县酒厂，通过多家共同深入研发，使得北京地区的二锅头酒走上了科学化生产、规范化操作的道路。

20世纪60年代中期—80年代初期，随着红星二锅头酒消费市场的扩大，产品需长途运输，路途中的复杂因素或多或少会影响白酒的品质。因此，为了便于贮存运输，减少阳光直射对酒体品质的影响，第三代红星大二改用了绿色的白酒专用瓶。

20世纪80年代初期—90年代中期，出于节约粮食和保护人民身体健康的目的，国家对酿酒行业提出"限制白酒浓度，控制白酒数量，培养饮酒新习惯"的指导方针，红星不断研究攻坚，最终实现了酒精降度的同时维持馥郁的风味。同时，更换经典的"矮胖"瓶型，改为"高挑苗条"的细长瓶灌装。这款第四代红星大二投放市场后，消费者赞不绝口，它也成为当时的"明星产品"。

改革开放后，国家开始重视企业的专利商标注册。按理来说，"二锅头"的名称与技术都属于红星，但如果红星注册了"二锅头"商标，将会直接导致其他酒厂的产品无法上市。1981年，红星毅然放弃了"二锅头"全名称商标注册，仅保留"红星"注册商标，其他酒厂均可以使用"二锅头"为产品命名。商界一片哗然，许多企业家都敬佩红星的胸怀与魄力。正是这样的慷慨之举促进了北京二锅头酒产业的迅速繁荣，二锅头酒成了老北京家庭的"当家酒"。

20世纪90年代中期—2011年，红星对于包装的便捷性有了进一步的创新。消费者向技术人员反馈，传统的皇冠盖需要借助起子，饮用场景受到限制，而其他材质的瓶盖则对酒的品质缺乏保障。经过多次试验后，红星在第五代红星大二的设计上选择了螺旋铝盖，集便捷与优质两项优点于一身。同时，从此时开始，红星认识到了其品牌商标的重要地位，首次在品牌图标更新中加入了手写的"红星"二字，加深了消费者对其品牌的印象。

2011—2017年，第六代红星大二关注年轻市场，采用了"端肩瓶"包装，酒香绵柔，品质与颜值双管齐下，成为当时白酒行业的佼佼者。并且从2016年起，红星提出品牌文化焕新战略，一句"每个人心中都有一颗红星"传遍大街小巷，红星"心怀梦想，勇敢前行"的品牌精神也随之深入人心，红星品牌的IP化随着时代的发展向高科技水平层面推进。

2017年，红星对品牌包装进行了进一步的升级换代，凸显"红星"标志的同时追溯二锅头酒历史，加入二锅头酒诞生的年份"1680"，体现了其对于传统二锅头酒技艺与文化的溯源。在瓶盖设计上由短盖改为中长盖，第七代红星大二由此定型。[1]

红星二锅头酒历经几百年，一步步从传统的街头小摊，走进酒楼餐馆，再到入选为奥运会官方礼仪接待及庆功用酒，逐步在北京白酒市场中档酒中占据了一席之地，使红星既是"民牌"又是"名牌"的特色更加突出，国粹文化、红色文化和京味文化扎根其中，构成了其独一无二、不可复制的品牌文化内涵。尤其是红星推出的青花瓷珍品二锅头系列将白酒和青花瓷两大国粹完美结合，极具中华文化特色，有极高的观赏与收藏价值；[2]红星二锅头酒那令人记忆深刻的红色五星加蓝色飘带的标志诞生于晋察冀边区的国际友人之手，有着红色革命印记；京味文化是红星二锅头酒最厚重的文化内涵，红星是北京酒文化中地域文化的典型代表，在品质、

[1] 李辉.为民酿酒70年：红星二锅头的奋斗与荣光 [J].中外酒业,2019(11):32-43.

[2] 王坤.红星照耀中国　清香辉映世界 [J].中国酒,2012(04):68-73.

风格、口味上，都刻上了京味印记，如今游长城、逛故宫、吃烤鸭、喝红星二锅头酒正逐渐成为代表京味文化的旅游特色，成为北京的文化符号。2017年，红星获得布鲁塞尔国际烈性酒大奖赛大金奖，它在发展过程中传承与创新的不断碰撞也赢得了国际上的高度认可。红星二锅头酒已从开国大典献礼酒发展成一张京味文化的国际名片。

在2019年的红星70周年庆典上，人们共同见证了红星怀柔总厂区的落成，这个占地总面积10.2万平方米的厂区如今已升级改造成融合生产、科研、教育、旅游等多重功能的产业园区。红星充分发挥二锅头酒传统酿造技艺的非物质文化遗产内涵，瞄准如今文旅融合的发展趋势，大胆尝试"酒旅融合"，采取业态融合的工业遗产利用模式，推出实景酒文化体验及其文化副产品，打造综合型的主题旅游区。同时红星正在不断扩大市场，产业协同发展的范围扩大到了北京地区之外，通过与天津第一分公司、山西六曲香第二分公司协同发展，将二锅头酒及其蕴含的深厚酒文化共同发扬光大，为食品工业遗产的保护与传承指出一条光明之路。

（三）辛辣清香的人生味道

在如今的高度酒市场上，北京的红星二锅头酒可谓无人不知无人不晓，纯粹的技艺打造了红星二锅头纯粹的香气与味道。对于北京人来说，这是地道的北京味，背井离乡的人们离家的时候都要备着一瓶，小酌一口，这样的乡土情结一头连接着现实生活的琐事，一头连接着家乡的慰藉。相比于其他味道刺激的酒类，人们更青睐红星柔和微甜的口感，它不仅能在进餐的时候单独饮用，还能与蜂蜜、茶等其他东西掺在一起，在北京干燥寒冷的冬天温暖着人们。拥有开国大典献礼酒身份的红星二锅头酒，在重要的场合仍有它的地位，婚宴酒席上，它是必有的"嘉宾"，因此在很多人的记忆中，那些让人记忆深刻的人生里程中，都有着红星二锅头酒的余香，也许是一次激情澎湃的求婚，一次幸福满堂的满月酒，一场皆大欢喜的庆功宴，抑或是一场依依不舍的送行宴会。这股辛辣的清香成为那些极度欢愉或者极度阴郁时刻的陪伴，回想起那些往事，自然而然便想起了这永远抹不去的味道。

二、双合盛五星啤酒

提到北京的诸多地方啤酒品牌，必然少不了享有盛名的双合盛五星啤酒，它作为北京啤酒企业中成绩不菲的一位，从中华民族的兴衰史中走来，见证了许许多多的历史性时刻。

（一）寓意吉祥的民族酒

1860年第二次鸦片战争后，德国人将啤酒带进东交民巷，北京城里出现了啤酒这一新鲜事物。民国时期诞生的双合盛五星啤酒可谓北京啤酒的老字号。当时正值辛亥革命浪潮迸发的时期，众多民族工商业者响应"实业救国"，其中同为山东掖县（今山东省莱州市）老乡的华侨商人张廷阁、郝升堂共同经营了一家名为"双合盛"的字号，"双合盛"寓意"双人合作，财源茂盛"。时常接触新潮思想的他们考虑置办实体工商业，但在产业选择上，张廷阁青睐电车公司的发展前景，而郝升堂则认为啤酒业具有巨大潜力，在后续的摸索与准备之中，张廷阁开办电车公司的申请被驳回，二人便专心筹办双合盛啤酒厂。

1914年，二人购买了位于广安门外的瑞士人开办的啤酒汽水厂，取名为"双合盛啤酒汽水厂"，次年正式投入生产，初步产品主要有双合盛牌汽水与啤酒，均注册为"五星"标牌。但他们很快发现生产力无法承担两种产品，衡量之后决定放弃汽水生产，专心生产啤酒。双合盛啤酒的用料十分讲究，水使用京西玉泉山的皇家御用泉水以保其口味甘甜，大麦原料须饱满、鲜美，遴选自华北华南等优质大麦产区，制酒的酵母与酒花均从国外如丹麦、德国等啤酒业实力雄厚的国家进口。[1]

随着生产规模的扩大，郝升堂从"福禄寿喜财——五星高照"的吉祥寓意着手，推出了后来的主打产品——双合盛五星啤酒，也许正因为这接地气的吉祥寓意，老北京人都对其好感有加。但是由于当时北京地区的啤酒多由北京啤酒厂供应，双合盛五星啤酒主要供应其他经济水平较高的城市以及出口。

（二）飘散逝去的麦芽香

在1921年比利时布鲁塞尔举办的世界博览会上，双合盛啤酒凭借其较高的品质接连斩获两项大奖。1929年，又在巴拿马国际展览会上获得金奖，在国际上展示了中国人在啤酒制造上的智慧与努力。后来为扩大市场，郝升堂将双合盛啤酒推销到更大范围，在国内外均设立了代销处。20世纪20年代末30年代初，啤酒厂进入鼎盛时期，职工人数达到500多人，啤酒年产量3000余吨，销售市场覆盖了全国30多个大中城市共48个销售点，并远销中国香港、澳门地区及东南亚各国。[2]然而，随着日军侵华，双合盛品牌受到了挫折。1945年，抗日战争结束，但是在货币贬值、社会动荡的时代背景下，啤酒厂已经到了难以维系、濒临破产的地步。

1949年1月北平和平解放之初，双合盛啤酒厂就主动申请公私合营，同

---

[1] 刘鹏.北京的双合盛五星啤酒[J].北京档案,2011(12):54-55.
[2] 赵一帆.消失的双合盛五星啤酒[J].首都食品与医药,2015,22(07):56-57.

年4月1日，双合盛啤酒厂成为北京最早的一家公私合营企业。1950年，啤酒厂复工，全年生产啤酒122吨。

直至20世纪70年代，随着新中国建设渐渐走上正轨，百姓家庭条件逐渐改善，啤酒慢慢成为京城百姓家的宠儿。但在计划经济背景下，喝上五星啤酒不是件容易的事，啤酒凭票购买，主要由烟草、糖业公司统一销售，少部分对高档饭店、机关部门自销，啤酒一度供不应求，当时每天饭店餐馆前买散啤的人排成一条长龙，成为一幅生动的时代图景。

1995年1月12日，双合盛与美国亚洲战略投资公司第一投资公司合资成立了北京亚洲双合盛五星啤酒有限公司。2000年8月加入青岛啤酒集团公司，成立了北京五星青岛啤酒有限公司。此次合作，青岛啤酒持有63%的股权控股，主要负责经营管理，厂房搬迁至海淀区西三旗建材城中路2号。这两次合资都是双合盛与市场知名啤酒企业联合的尝试，在后一次改组中"双合盛"的字号已成为了历史，仅作为青岛啤酒的辅助品牌继续留在市场上。[1]

20多年来，北京五星青岛啤酒有限公司在啤酒市场的占有率较高，但"五星青岛啤酒"却始终不及老北京的"双合盛五星啤酒"带给人们的记忆那般醇香。2018年8月，北京市政府发布"回天地区三年行动计划"，明确指出缓解回龙观、天通苑的交通拥堵情况。作为服务该计划的林萃路市政道路重要节点，北京五星青岛啤酒有限公司于2019年3月正式停产，进入解散清算阶段，做出"厂区整体收储，先行修路"的决定。虽然有些遗憾，但是面对城市建设、社会经济发展这种积极的力量，顺应现实是正确的选择。在北京城市综合整治不断推进的进程中，老北京双合盛飘散的啤酒麦芽香也

[1] 许志绮.甘冽玉泉双合盛[J].北京工商,2003(11):50-51.

北京五星青岛啤酒有限公司正门

公司附近售卖啤酒的便民服务点

将成为一段珍贵的回忆,"五星"品牌则与青岛啤酒一同以另一种方式继续存在。[1]

"双合盛"这一老字号的存在,不仅是商业奇观,也是重要的历史文化现象,"双合盛"的名称富含中国传统文化中合作与勤奋的优秀特质,同时在制作工艺上精益求精、一丝不苟的企业文化也是其重要的价值所在。这项酿酒技艺以及其中蕴含的精神值得我们铭记。五星青岛啤酒既然是双合盛五星啤酒的新生,就应该担当起责任,在产品的推广上下功夫,进行细致的市场布局与区域品种划分,积极与国际接轨,打好"品牌渗透"牌,适时组织啤酒节等文化活动,传递"双合盛"文化,让这份麦芽香永远弥漫飘散。

(三)纵享人生百味

"暖瓶打散啤,大罐双合盛。入口微带涩,回味意甘浓!如若不嫌凉,加根小冰棍。"在北京炎热的夏天里,许多人都惦记着那一口冰镇的双合盛五星啤酒。双合盛五星啤酒以口重、清香、沫儿白、挂杯、尾韵稍苦著称,加之其亲民的价格,受欢迎程度可想而知。在人生的各个阶段,双合盛五星啤酒都给人们带来了生理上与心灵上的抚慰。参加工作后拥有"人生第一桶金"的青年们握着热乎乎的毛票,竞相购买双合盛五星啤酒,实现着他们热烈追求的"啤酒自由";工作稳定、应酬增多的中年人,在酒桌上依然不变的是双合盛五星啤酒,这是他们在拼搏岁月中的一份精神寄托;和双合盛五星啤酒一起度过大半辈子的老人们已经形成了饭前一杯双合盛五星啤酒的雷打不动的习惯,对于啤酒厂的拆迁,他们是最感到惋惜的,曾经在家中就能闻到的酒厂中传出的麦芽香,现在随着城市发展的推

---

[1] 赵一帆.消失的双合盛五星啤酒[J].首都食品与医药,2015,22(07):56-57.

进，已然飘逝。

因"实业救国"诞生的双合盛五星啤酒，为北京的实体工商业画卷绘上了浓墨重彩的一笔。面对着城市发展的需要，市场环境的改变，厂房拆迁、品牌合并，虽然不舍，但这都是时代发展带来的必然变化。

三、摩奇饮料

（一）五彩缤纷的甜蜜记忆

摩奇饮料是北京神州摩奇食品饮料有限公司于1984年推出的一款盒装饮料，名字取自"摩登奇特"的意思，其系列经典口味包括山楂汁、苹果汁、橘汁、酸梅汁和桃汁。摩奇有着活泼可爱的外表，方形的纸盒包装上根据不同口味绘上不同的水果图案，深受小朋友们的喜爱，但让人们记忆最深刻、最受青睐的还是摩奇桃汁。1992年起，北京的大街小巷都有摩奇饮料的身影，售价1.2元一盒，它甚至成为国庆阅兵、航班等重要活动与场所的专用饮料，足见其在北京受欢迎的程度。

经过10年顺风顺水的发展，2002年，北京市政府对四环周边进行环境整治，饮料厂由于存在污染已不能在原址上继续生产。同时，北京饮料行业竞争激烈，作为大众饮品的摩奇饮料已盈利微薄，思考再三后，位于马甸的摩奇饮料厂被迫关停。

2018年春节，一个重磅消息在北京市民的朋友圈里传遍，每日优鲜品牌与北京二商摩奇中红食品有限公司合作，即将上线摩奇桃汁，北京市民20多年前的记忆忽然涌上心头。2018年1月25日上午10点16分，摩奇桃汁饮料在停产16年后重获新生，出现在了电商平台上，售价12.9元/4盒。"70后""80后"争相购买，一度掀起全北京疯抢摩奇的浪潮。从那个春节开始，摩奇开始重新焕发生机，在线上售卖得到热烈反响后，逐渐将售卖渠道转向线下，并设计了新款手绘版图案，吸引了很多年轻人。

（二）复活的老味道

北京神州摩奇食品饮料有限公司成立于1984年，是国家级的大型综合食品外向型企业，是北京市食品行业中较早成立的合资企业之一，主要产品包括豆馅系列制品、速冻类食品以及最著名的摩奇饮料利乐砖型无菌包装果味果汁饮料等，产品种类繁多，出口畅销。成立同期推出的摩奇果汁饮料系列火遍北京，企业生产情况火爆，这样的情况一直持续了10年。

2002年11月30日，因环保与企业资金问题，摩奇饮料厂关停，最终于

超市中的新版摩奇饮料

2009年正式停产，摩奇饮料也渐渐成为可望而不可即的珍贵回忆。

2012年，姜建民担任北京二商摩奇中红食品有限公司董事长，他一直希望摩奇饮料有朝一日能回归人们的视野，摩奇品牌能重获新生。在2012—2018年的6年间，姜建民基于对消费者、经销商的走访与调查，并结合大数据分析，发现最受人青睐的依然是水蜜桃口味的摩奇。考虑到时代在变化，人们在告别摩奇饮料10多年后的味蕾也许不再能接受最原始的摩奇桃汁，姜建民召集原工厂的技术人员，在原汁原味的配方基础上使用更高品质的果汁原浆，取浆于北京平谷上好品质的水蜜桃，并更换更加健康的添加剂，使消费者既能找回原来的口味和口感，又能喝到健康的饮品。在研发过程中邀请老员工和曾经的摩奇饮料的消费者共同品尝，对口感等方面提出建议，根据反馈意见，不断调整饮料的配方。研制的同时，姜建民还四处走访，寻找原料商、包装生产商等中间环节合作商家，直到2017年10月，在这一系列事宜谈妥后，他最终选定了每日优鲜作为摩奇桃汁的首发线上销售平台。姜建民介绍，这是由于摩奇公司与每日优鲜都有"鲜"的企业理念，致力于为消费者提供最新鲜最安全的产品。[1]2018年摩奇饮料的"复活"无疑是北京老品牌饮料重返新时代市场的一次成功尝试。"市场反响这么好，说实话还是有些出乎意料的，看得出很多人对摩奇是有真感情的。"姜建民说，"未来，还将利用我们与每日优鲜的资源优势，提高认知度，逐步从北京走向外埠。"

很多老品牌在回归时往往会利用怀旧营销，以期唤起消费者对老品牌的记忆，重新促进消费，从而激活品牌。重生的摩奇一开始也打出了"怀旧"牌，以老包装的面目回到大众视野。但姜建民随后意识到，目前消费

---

[1] "摩奇"携手电商，成功引爆"童年记忆"回归潮[EB/OL]. https://www.sohu.com/a/232649078_467340.

者的消费偏好与行为已有了很大变化，从过去的崇尚工业化文明的价值偏好，越来越转为回归自然和本真的自然人文偏好。摩奇饮料利用每日优鲜的大数据，精确地研发出消费者喜好的产品。但目前许多饮料已占领主流市场，如何打好创新牌、拓宽营销渠道，是摩奇需要关注的重点。很多北京人都希望见证摩奇饮料的再次辉煌。

（三）童年生活的"最高待遇"

对于一些北京孩子来说，摩奇饮料是童年生活中的"最高待遇"，考试考了好成绩，妈妈会买一盒摩奇作为特别的奖励；生病了，家长也会买摩奇饮料，那甘甜就像吃了一个水蜜桃，这甚至成了孩子们对生病的小期待；春游的时候，摩奇更是孩子们的"带货"必选品，玉渊潭的小船上、北海公园的小道旁、动物园的假山边，这些北京孩子们的"春游胜地"中，摩奇、面包、火腿肠成为孩子们的"快乐春游套餐"，祖国的小花朵们，被摩奇饮料浇灌得甜甜蜜蜜，笑脸盈盈。曾经的孩子们长大后，对于童年那一口甘甜仍保留着深刻的感情，他们忘不了摩奇，也忘不了在四合院一起喝着摩奇长大的朋友。

四、龙潭方便面

（一）鲜美地道的口粮面

有一幅图案北京人几乎都知道——绿色的背景中间有个大碗，碗中有大虾、西红柿、鸡蛋和青菜，左上方是个红色的"优"字，右上角写着"海鲜"俩字，正上方写着大大的"龙潭方便面"，"龙"还是繁体字。对了，这就是北京人的可口记忆——龙潭方便面。简单的包装，一整块面饼，只有一袋纸质白色的调料包，就是这么朴素，但记忆中的味道绝对是最棒的。

龙潭方便面是北京本地经典方便面品牌，1984年，生产龙潭方便面的北京佳乐食品厂在位于今密云区河南寨镇的一块10亩（约6000多平方米）空地上建立，恰好这里有一口"龙井"，由此方便面取名"龙潭"。龙潭方便面一经推出便迅速风靡市场。龙潭方便面面饼净含量90克，与现在许多偏白的面饼不同的是，它的面饼是微黄色的，方方正正的形状看上去不重，掂在手里却很有分量。调料包使用白色纸袋包装，海鲜味，有几个小虾仁和一些蔬菜干。龙潭方便面汤味鲜美，面饼有韧性、久泡不烂，因此不论何种吃法都能驾驭，直接当作干脆面干嚼、泡面、涮火锅都颇有风味。但这些吃法在20世纪80年代的北京稍显奢侈。由于当时龙潭方便面几乎供不应求，密云人买龙潭方便面还需在单位申请，一袋龙潭方便面要用两张粮票换，甚至有时不托关系都买不到。生产过程中的碎渣也作为零食售卖，哪家如果买到了龙潭方便面的碎渣，小孩子能在孩子群中骄傲好几天呢！龙潭方便面渐渐成了密云特产，成了拜访送礼的佳品。

（二）龙的传人续写龙潭故事

2001年，经政府主导，北京佳乐食品厂改制为股份制企业。2007年，北京佳乐食品厂停业，但仍有原来的职工自发组织起来，为传承龙潭方便面品牌，组建了北京龙潭食品有限公司。

北京龙潭食品有限公司董事长程云凯介绍，建立北京佳乐食品厂是一次大胆的尝试，目的是让北京人乃至国人能有自己的"国货"品牌方便面。20世纪80年代，北京佳乐食品厂建立后，火爆的市场需求给企业带来了可观的收益，但是在计划经济的时代，这样高的市场需求是不可能完全满足的。考虑到员工数量与生产力，北京佳乐食品厂决定放弃北京城区的市场，改为只向北京郊区供应龙潭方便面，从那时起，北京城区便很少见到龙潭方便面的身影。不久，在政策与技术引进的鼓励下，北京本地方便面企业如雨后春笋般冒出，最多时数量可达32家。但在市场变化、竞争激烈的大环境下，这些企业逐渐销声匿迹，仅剩"龙潭"继续生产着这属于北京的"原味"。

如今，龙潭方便面主要销往密云、通州、怀柔、平谷、顺义等5区以及河北的一些区县，同时在辽宁西部还有一些经销网店，许多辽宁人都对龙潭方便面记忆深刻。面对目前瞬息万变的市场，程云凯信誓旦旦地说："厂子在，龙潭就在。不管怎样，都得把这个牌子继续下去！"

龙潭方便面系列产品

（三）香味经久不散

在物资匮乏的20世纪七八十年代，能吃上一口方便面，那也算是相当奢侈的享受了。提及北京本土经典的龙潭方便面，很多人都把那一碗泡好的龙潭方便面称作"朴素又美味的幸福"。课间放学，聚在一起嚼方便面，是孩子们沟通感情的一项重要活动。为了将放了调料的方便面摇匀，每个小朋友都练就了厉害的臂力。吃剩下的最后一点全倒手里，左右手倒来倒去，把多余的调味粉抖掉，觉得差不多了一把送进嘴里，再把手掌舔个干净，据说这是当年风靡一时的吃法，正是这香脆的口感与欢乐的场景承包了儿时的记忆。条件更好的家庭掌握的进阶吃法是经典的"泡面"，拿个缸子把方便面与调料一起放进去，在煤球炉子上坐水，水开了往缸子里一浇再盖上盖儿，香气很快弥漫开来。光靠包装自带的一小包调料味道尚不丰富，一些自创的吃法应运而生，一碗煮好又加料的龙潭方便面，是更为奢侈的吃法，也需要更为精心的加工。卧上一个半熟不熟的鸡蛋，吃到一半把蛋黄捣烂，与汤拌匀，加入紫菜与新鲜蔬菜，有了如此简单又美味的食材加持，小小的龙潭方便面竟然让人吃出了海鲜面的鲜美，成为人们在物资匮乏年代难得的满足。

如今，龙潭方便面仍能够在电商平台上买到，香辣牛肉味、红烧牛肉味等口味日渐丰富。在竞争激烈的方便面市场中，龙潭方便面依然受到一些群体的青睐，其市场份额依旧存在，只是需要在保留原产品特点的基础上寻找新的发力点，审时度势，与新时代消费习惯和趋势相结合，拓宽发展道路。

五、义利面包

（一）先义后利，厚义薄利

义利为民族食品工业的发展做出了许多贡献，实现了国内首个巧克力、面包、酥糖工业化，是历次国庆活动、"两会"，尤其是北京奥运会等国家重大庆典活动的指定产品。[1]

北京孩子回忆起童年，一定不会遗漏的就是果子面包。果子面包是义利牌面包蜡纸系列的经典口味之一，是孩子群中最受欢迎的口味。义利的蜡纸系列与老面包系列价格低廉但品质依旧，具有很高的性价比，其带来的饱腹感温暖了一代又一代北京人，直到现在很多老人都将其视为每天必吃的零食。

很多人不了解的是，其实义利面包品牌并非诞生于北京，而是1906年的上海。当时一位苏格兰人詹姆斯·尼尔与他的朋友们来到上海经营小本生意，詹姆斯·尼尔在南京路摆了一个面包摊，销售自己做的苏格兰糕点。在詹姆斯·尼尔的用心经营下，这个面包摊越做越大，最终成为以西式糕点为主打产品的"义利洋行"。"义利"的取名体现了"先义后利，厚义薄利"的儒家思想，这也是詹姆斯·尼尔对自己企业经营初心的提醒。1939年，詹姆斯·尼尔去世，义利举步维艰。直至1946年，义利洋行被迫拍卖，以倪家玺、徐肇和等为首的实业家响应实业救国的浪潮，以250条黄金收购了义利洋行，更名为义利食品公司，并且根据中国人的口味，在做面包时将民族特色与"洋味道"相结合，果子面包便是那时候推出的味美又有营养的人气单品。

---

[1] 张志国，李奇.复活北冰洋 唤醒北京人的清爽记忆 [J].绿色中国,2019(08):11-17+10.

义利产品商场专卖处

（二）愈挫愈勇，工匠义利

　　中华人民共和国成立之初，首都的食品工业存在大量缺口。北京新中国食品厂老板董祖鸿专程赶到上海，讲述了首都北京亟须发展食品工业的情况，建议义利迁往北京发展。1950年冬天，义利食品公司迁至北京，在原宣武区广安门内王子坟建立工厂，取名为"北京义利食品股份有限公司"。[1]1951年，义利在东安门大街开设了第一家门店，销售面包、饼干。1953年，义利实行公私合营，两年后，义利归属北京一轻食品集团，标志着北京义利食品股份有限公司成为国营企业。

[1]　北京孩子童年里的果子面包味儿，来自这家百年老字号 [EB/OL]. https://baijiahao.baidu.com/s?id=1675915052030230929&wfr=spider&for=pc.

义利果子面包

义利什果全麦面包与黄油面包

20世纪六七十年代，由于国企的好政策，义利风生水起，年产销各类食品2万~3万吨，销售额达7000余万元，成为首都食品工业的龙头行业。同时义利也在市场调研与技术开发中不断拓展产品种类，如威化巧克力、维生素面包、玉兰巧克力、龙虾酥糖等，这些产品凭借出色的品质获得了国家轻工业部以及北京市的多项奖项。

1978年的十一届三中全会成为义利的历史转折点。义利国营企业的"铁饭碗"已经不再坚固，市场经济倒逼使得义利开始做出新的尝试。1984年，义利从国外引进生产线，选择从联邦德国、美国引进国内首条能够生产切片面包的生产线，这对义利面包来说是一项不小的创新。同年，义利旗下的北京第一家西式快餐厅在西单南口西绒线胡同开张，店内装潢全然西式风格，配以流行轻音乐，受到大众的喜爱。义利由此体会到了市场经济下企业文化与管理经验交流的甜头。

但很快，义利迎来了一记当头棒喝。外资企业饼干生产商纳贝斯克关注到义利的发展潜力，主动寻求合作，希望以合资企业的形式发展联合品牌。当时国家鼓励对外开放与合作，义利欣然接受，双方商定义利占股

51%，纳贝斯克占股49%，企业品牌名为"义利—纳贝斯克"。但真正完成裁员，开始进行生产后，义利却发觉不妙，纳贝斯克决定取消原定产品品类，改为生产自己品牌的产品，慢慢地将"义利"品牌稀释。厂长胡文中后来回忆，义利对于市场洞察不够、投资不慎，难以立刻融入市场经济，蒙受了巨大的损失。

不过，大众对义利的喜爱和国家对国营企业在社会主义市场经济中所处困境的关注及扶持，使得义利避免了"销声匿迹"的困顿。1995年5月，进入义利10余年的老职工李奇接下开发义利新产品的任务，带着领导给的50万启动资金，来到南二环外一个300平方米的闲置厂房，以自主承包的形式建立了金穗面包厂，它相当于"一轻"集团的三级子单位。李奇带着几十号人体验了一次极具挑战的"创业"。好在产品很受欢迎，第一年年底，金穗面包厂就已有14万元利润。之后几年，李奇抓准了当时自选超市的兴起趋势，在超市发设立了第一家"店中店"形式的义利面包房，大大扩展了其销售渠道，增加了销量。2001年，金穗面包厂与另一家面包厂合并，改名为义利面包厂，由北京一轻食品集团控股，与外资股东一同成立了合资企业。由此开始，义利面包店网点越来越多。2012年，李奇整合资源，开办了著名的"百年义利"连锁店，义利从而重获新生。[1]2005年3月，义利面包厂股东投资已达5000万元，在大兴区建立了占地6000余平方米的生产基地，在北京、天津的销售网点已扩展到1000多个。

发展过程中，义利一直坚持科学的生产流程，采取发酵口感好的二次发酵法，严格核对质检环节，不遗漏任何一个细节，彰显了义利人的"工匠精神"。根据新的消费需求，义利还研发了多种系列产品，不断完善产品

---

[1] 马晓雨.面包老炮儿[J].国企管理,2020(17):92-95+3.

矩阵，建设义利品牌文化中心，为社会大众展示企业文化底蕴，体验产品制作的乐趣。同时，义利践行"以人为本"的企业关怀，将各地区的店铺打造成"社区生活店"，在原有面包糕点产品的基础上增加水果、蔬菜、熟食等，为社区提供便利，助力北京"一刻钟社区服务圈"建设。[1]

（三）实惠的果腹零食

义利面包是北京人以及在北京工作的人长久的回忆，是象征北京文化的一个符号。"面包"这个字眼，在曾经那个年代就意味着一份朴素的温暖和情怀，不似如今奶油面包的精致与浓郁的味道，义利面包满满的果料和稍显粗糙的口感是人们不解的情缘所在。

对于从小吃义利面包长大的北京人来说，义利面包的味道早已与胡同里的生活场景、童年时清澈澄蓝的天空紧密联系在一起，成为回忆中难忘的解馋美味。最初的经典款是维生素面包，后来的红果面包、葡萄干面包也都是孩子们的心头爱，再到后来有了切片面包，春游时带上两块妈妈用义利切片面包与美味蔬菜和肉类加工而成的手做三明治，这将是绝佳的向同学们炫耀的资本！现在的大果子面包依然是经济实惠，好吃不贵，每回像寻宝似的吃出一块块果脯，更添一分欣喜。

义利面包的包装一直保持着最经典的款式，最初义利面包使用简单的油纸包装，朴素又不失质感，如今简约又带有复古范的红黄蓝包装成为商场超市货架上一道亮丽的风景线。义利面包是一款朴素的甜品，没有繁杂的用料和华丽的装饰，却因为其高品质与健康的用料实实在在地成了一款国民甜品，北京食品工业的匠人精神在这里也可见一斑。

---

[1]　赵晓娟.义利"新生"？[J].中国连锁,2016(06):54-55.

每个人心中都有一种历久弥香的味道，是食物，也是念想。有时候深深怀念的那种味道或许不完全是食物本身，而是和食物有关的人或事。我们一边吃着面包，一边回忆自己的曾经，或者一边听爸爸妈妈姥姥姥爷讲他们以前的趣事，生活简朴而快乐。

六、北冰洋汽水

（一）冒着泡的北京夏天

如果用一种味道形容北京的夏天，那一定是冒着气泡的北冰洋汽水。炎炎夏日，打开一瓶冰镇北冰洋汽水，从内至外的清爽瞬间消除了暑热……

生产北冰洋汽水的厂商前身为北平制冰厂，1947年北平制冰厂曾因缺乏资金被迫停业，但中华人民共和国的成立给了它生的希望。厂长邓毅克服了重重困难坚持恢复北平制冰厂生产，初步生产冰棍与汽水。经初步观察，销售市场前景较好，邓毅请画家设计了"北冰洋"的标志并于1950年注册，这便是后来家喻户晓的雪山与白熊的"北冰洋"标识。

20世纪50—80年代末是"北冰洋"的鼎盛时期，上至春节联欢晚会和国家大型活动现场，下至老百姓胡同口小卖部的冰柜里，都能见到这晶莹剔透的橘色汽水。"北冰洋"的橘子味是货真价实的，来自橘子的提取物，并添加了新鲜的橘子果酱，摇一摇后仔细看还能看到橘子果肉在汽水中漂浮，连同升腾的气泡，肉眼可见的清爽怡人扑面而来。待到起开瓶盖，一股橘子清香扑鼻而来。举起玻璃瓶，喷出的细密白汽随着液体直达口腔，将夏日的闷热乏力一扫而光。在当时北京人的生活中，喝"北冰洋"是一件"倍儿有面儿"的事情，解暑喝"北冰洋"、聚餐喝"北冰洋"、游玩喝

"北冰洋"都是当时的时尚。在那个年代，位于北京安乐林路的北冰洋食品公司门前每天都会排起长龙，拉着拖车、骑三轮车、开大卡车的商贩熙熙攘攘，每家商贩只能限量提货，供应总量也限量，如果很不幸没有排到，只能次日再来。1985年的北京，一瓶"北冰洋"只需1元，却给北冰洋食品公司带来了1300万元的巨额利润。

（二）屹立不倒的橘色旗帜

生产"北冰洋"的北平制冰厂见证了国家从风雨飘摇到新生的重要阶段，风云变幻的市场环境中，"北冰洋"这面橘色的旗帜几经波折，现在依旧奋勇拼搏屹立不倒，正面临着更多的机会与挑战。

1936年，原湖北督军王占元之侄王雨生在北平开办了北平制冰厂，主营制冰。营业的第一年便有可观的收益，但很快卢沟桥事变爆发，北平制冰厂成了日本商人的囊中之物，日商将其作为专为日军冷藏海鲜与肉食的仓库。抗日战争胜利后，因为市场需求不足，北平制冰厂依旧没能东山再起。1947年9月，北平制冰厂无法承担其高额借贷，被迫关停。

1949年中华人民共和国成立，北京建设如火如荼，北平制冰厂获得了资产重组的机会。次年夏天，办完一系列手续后，北平制冰厂变身为北京新建制冰厂。厂长邓毅请回了老厂的制冰师傅，恢复制冰生产，同时也增加了一些汽水产品。看到收益不错，邓毅趁热打铁，注册了"北冰洋"商标，自此"北冰洋"品牌正式成立。1956年，首都号召各大城市企业支援产业建设，多家企业驰援北京，香港品牌屈臣氏就是其中之一，恰巧屈臣氏拥有先进的汽水生产线，管理经验丰富，选择与北京新建制冰厂合作，这为"北冰洋"的发展带来了机会。如有神助的北冰洋汽水迅速从原来的手工作坊式生产发展成有生产线的批量生产，刚投放市场便得到了北京人的喜爱与追捧，北京人自豪地说："我们也有自己的汽水喝了！"北京新建制冰厂（后改称"北冰洋食品公司"）的北冰洋汽水成为最时髦的饮料。

"北冰洋"统治北京汽水饮料市场40年后，遇到了劲敌——百事可乐。1994年，中国市场向外资汽水品牌开放，作为响应"利用外资改造国有老企业"方针政策的举措，北冰洋食品公司抱着学习外资企业先进技术与管理经验的学习心态，参观了百事可乐的厂房与生产线，了解了它的品牌理念与文化，最终决定带头迈出国企与外企合资的一步，成立了"百事——北冰洋饮料有限公司"。他们和百事公司签署了一份长达15年的合作协议，阐明中方投资370万美元，美方投资840万美元，北冰洋汽水配方由合资公司有偿使用，合资企业解决"北冰洋"老员工的就业问题，并照常生产北冰洋汽水。由于当时国人还未适应发展中的市场经济，加上法律意识淡薄，"北冰洋"以一厢情愿的信任与善良将"北冰洋"商标一同交给合资公司使用。而百事可乐与"北冰洋"在股份上的悬殊直接导致了"北冰洋"一方在后来产品的经营策略、管理模式话语权上处于劣势。更甚的是，百事可乐一方只允许"北冰洋"生产少量大桶纯净水，饮料生产线不再生产北冰洋汽水，全部生产百事的"七喜"和"美年达"。虽然后来又开始生产北冰洋汽水，但百事将自己的产品与"北冰洋"捆绑销售，实质是借"北冰洋"的品牌知名度推广自己。在这样的背景下，"北冰洋"的销量逐渐下跌，被消费者渐渐遗忘，最终于1999年正式停产。

2007年，负责管理北冰洋食品公司的北京一轻食品集团和百事公司进行谈判，要求收回"北冰洋"的品牌经营权，谈判最终以"4年内不以'北冰洋'品牌生产任何碳酸饮料产品"为条件，达成了一致。此后3年，北京一轻食品集团一直在商讨"北冰洋""复出"的计划，但因集团内部的分歧久未有定论。2010年，北京一轻食品集团下属的义利食品公司经理李奇挺身而出，他认为"北冰洋"必须重返市场，并亲自出面向集团提出申请，请集团批准"北冰洋"成立公司并提供注册资金3000万元，他将带领"北冰洋"汽水在2011年重返市场。集团被他坚定的决心说服，"北冰洋"自此转变命运。做出这项决定的起因是李奇在北京市食品公司的仓库中发现了"北冰洋"汽水的配方，其中提到"北冰洋"汽水区别于其他汽水的最关键部分便是橘油。李奇根据原先的橘子原料口感，考察原用料来源的四川地区后确定了橘子供应商，并且设法找到了一些当年的老员工。接着便不厌其烦地试验，找到与原来的"北冰洋"最吻合的味道。经过无数次的尝试后，李奇与老员工们终于满意了。[1] 在包装设计上，李奇请来有经验的设计师对瓶子外形与标识进行设计，并在原有经典玻璃瓶基础上推出了易拉罐装，可谓紧跟时代趋势的一项决定。

2011年11月，"北冰洋"回归市场。仿佛一夜之间，玻璃瓶装的"北冰洋"再次出现在街头巷尾，为北京又装饰上这一抹明亮的橘色，仿佛其间的12年只是梦一场。刚到2012年，"北冰洋"汽水的销量就达到了100多万箱，销售额超过6000万元。2014年突破1亿元，并且出现断货。[2]

在重获新生之后的5年中，"北冰洋"积极从多方面增强生产实力，提升品牌影响力。2018年，北冰洋食品公司在安徽马鞍山设立生产基地，标志着"北冰洋"这个北京地区的品牌正在尝试走向全国。

2019年，阿里巴巴推出"新国货计划"，用于推动老品牌销售。"北冰洋"抓住机会和阿里旗下的"盒马生鲜"合作，将销售渠道从线下扩展到了线上。同时还创新产品品类，如与玉渊潭公园、景山公园跨界合作，推出有着文化元素的"小樱"汽水和"牡丹"汽水，以高颜值成为人们的

[1] 李奇,任万霞."北冰洋"复出始末[J].北京观察,2018(10):73-75.
[2] 马晓雨.北冰洋回来了[J].国企管理,2021(19):98-101.

玻璃瓶装"北冰洋"

易拉罐装"北冰洋"

"心头宝"。在其他形态产品上研发出瓷罐酸奶、苏打水、雪糕等，让年轻人纷纷"种草"，为市场带来新的生机。

从北京人的情感角度来看，那些对过去生活的怀念依然能有寄托之处，可谓人生一大幸事。但从理性的商业角度来看，"北冰洋"要想扎根如今庞大的饮料市场，就必须及时打完"怀旧牌"，在品牌传承与创新方面做好应对层出不穷挑战的心理准备。如打造工业旅游基地，作为开展北冰洋工厂体验活动的载体，传播老字号文化；进行冠名赞助、广告投放、影视植入、网络直播等品牌推广活动，[1]利用元素固定但版式不同的标识塑造鲜明的品牌记忆点，打造IP，传播企业精神，给外地消费者留下"北冰洋"与北京紧密相连的印象，树立地区文化形象。[2]如此多管齐下，才能在琳琅满目的饮料市场中占有一席之地。

[1] 王倩,张景云."北冰洋"：重新唤起消费者的热情[J].公关世界,2020(15):73-75.

[2] 陈希,林刚.IP形象重塑视阈下的"北冰洋"品牌传播策略刍议[J].国际品牌观察,2021(02):56-58.

第三章　　日常用品的点滴记忆

科技日益发达，首都人民的生活水平迅速提升，对于日常用品的选择趋于多元化，而人们没有忘记正是那些经典日用品，陪伴许多首都人民度过无忧无虑的童年、奋斗打拼的中年、富足安逸的晚年。这些北京的"国货"历经沧桑变化，依旧是北京人心中不变的念想。它们不仅是一个个被信赖的品牌，还是一个个见证，见证了中国日用品行业从无到有、从小到大、从年轻到成熟的成长历程。

一、金鱼洗涤灵

（一）居家好帮手小金鱼

"黄色的瓶，绿色的嘴，身上一条红色的小金鱼"，大部分北京人听到这样的描述，立刻就能猜出这是金鱼洗涤灵。当时耳熟能详的《我爱我家》《家有儿女》等电视剧的厨房镜头里都有它的身影，足以体现出它在北京人日常生活中的不可或缺。

中华人民共和国成立后，我国的轻工业逐渐发展起来，日化工业体系逐渐形成。改革开放后，日化工业得到了长足发展。"金鱼"其实是北京日用化学二厂出口洗衣粉的品牌，1979年，北京日用化学二厂与北京轻工业出口公司协商，以3万元购买"金鱼"商标使用权，用以洗涤产品的品牌命名。由此金鱼洗涤灵于1983年率先在国内投产，解决了大众家庭生活中的厨房洗涤难题，人们不再需要用热水与碱去除厨具油污，金鱼洗涤灵成为首都人民居家必买的产品。后来"金鱼"成为北京金鱼科技有限责任公司旗下品牌之一，该公司成立于2000年12月6日，企业组织形式上采取合资形式，由北京日用化学二厂、北京京泰投资管理中心、北京一轻研究所、北京富莱茵益轻科技发展有限公司、北京日用化学研究所共同出资成立。

亮相洗涤市场以来，"金鱼"始终严格按照国家洗涤用品标准进行生产，并不断对包装、品种种类、成分等方面做出改进。在外观打造上，经典的黄瓶绿嘴包装采用的是食品级包装，给消费者最大的安全保障。尽管随着市场与消费者需求的变化，金鱼洗涤灵也在一些不同功效的产品上更改了外观设计，但依然选用最

经典款金鱼洗涤灵

金鱼柠檬洗涤灵

安全的材料，包装的便捷度也不断提升。同时，"金鱼"也关注品质与功能扩展，积极扩大产品种类，能满足卫生间清洁、衣物清洁、居室清洁等不同种类的家庭日常清洁洗涤需求。厨房洗涤也尝试加入薄荷、竹炭、海盐等成分，在有效清洁的同时还有益身体健康。新款系列产品特别在外包装上突显北京元素，突显金鱼品牌30年沉淀的历史文化内涵。

"金鱼"的企业文化可以用"自律"一词形容。"金鱼"产品在生产过程中严格遵守标准与法规，杜绝不合格产品，奉行"全员参与、质量至上、创新智慧、顾客满意、持续改进、开启美致生活"的质量方针。在宣传营销上实事求是，为消费者着想。在产品创新上力争上游，洞悉市场由"价格战"逐渐转变为"品质战""安全战"的走向，不断锐意进取，善用科学技术手段，提升产品综合实力。在品牌延续上，时刻以民族品牌推广的使命提醒自己，维持良好的口碑与消费者基础，加强品牌建设与发展。正是这些"自律"使金鱼品牌至今仍受到广大百姓的喜爱，在2013年第三届北京市企业品牌建设推进大会上，"金鱼"获得北京市产品评价中心颁发的"2013年北京市品牌产品"奖项，北京金鱼科技有限责任公司获得"2013年北京市品牌企业"称号。

（二）老品牌值得信赖

如今，洗涤用品品牌众多，技术升级，价格也相应水涨船高，但仍有一部分人对老牌金鱼洗涤灵情有独钟。在电视广告起到强大的广而告之作用的年代，金鱼洗涤灵的广告效益巨大，金鱼洗涤灵包装上那条灵动的小金鱼成为荧屏经典，很多小孩子一看到电视上"金鱼"的广告就屁颠屁颠地去厨房中找自己家的洗涤灵，如果家中用的正是金鱼牌，都会平添一股自豪感。

作为中国首批上市的餐具洗涤剂品牌，很多中老年人习惯了这个国货老品牌，连带着许多年轻人也开始延续这一家庭传统，但整体来看，用户还是以"50后""60后"人群居多，金鱼洗涤灵仍需培育越来越多的年轻一代消费群体。相信不论时光如何流转，在细水长流的生活中，金鱼品牌将一直受到百姓的关心与期待，这条小金鱼将一直温和无声地滋润着千家万户。

二、灯塔肥皂

（一）化工产品的灯塔先锋

灯塔肥皂是北京日用化学一厂旗下的著名产品，曾经是北京家家户户必备的生活用品。其经典形象是略带焦糖色的长条形状，上面有"北京日化一厂""灯塔"字样。作为北京肥皂业的先锋，早在1964年，它就采用了脱色脱臭工艺，得到了广大消费者的青睐。在那个计划经济物资短缺的时代，每人每月只有一张肥皂票，灯塔肥皂以其怡人的清香与优秀的品质获得了良好的口碑，销售业绩斐然。一些单位常常将灯塔

灯塔肥皂

肥皂作为劳保用品发放，灯塔肥皂成为人们努力打拼的一个记忆符号。

（二）消逝的微光

据北京有关轻工业的地方志《一轻志》记载，1949年，北京生产肥皂的个体手工作坊有800户，当年生产肥皂1428吨。实行公私合营政策之后，这些个体手工作坊进行合并，成为4个肥皂生产合作社，1958年4家合作社又合并成立北京日用化学一厂并迁往石榴庄，生产灯塔肥皂。在此后的很长一段时间，灯塔肥皂占据着北京的市场，这样的盛况不仅与其本身良好

的品质有关，更与当时特殊的时代背景密切相关。种种因素导致灯塔肥皂未能形成良好的竞争意识，对产品缺乏创新与改革，企业的危机正在慢慢酝酿。

1995年，灯塔肥皂的命运出现了转折点。市场政策的变化，使大量外资企业以及国内其他地区的优秀日用品品牌迅速涌入北京市场。灯塔肥皂在这些产品种类繁多、宣传营销意识极好的竞争对手面前不知所措，很快丧失了市场优势，经营惨淡。1997年11月，政府决定对北京日用化学一厂实行保护性破产，原厂区被北京开关厂占用（后该地区被开发为住宅区），灯塔肥皂退出历史舞台。

（三）照亮衣服的"灯塔"

一块长长的印着"灯塔"字样的肥皂，陪伴着北京人最日常的家务劳动——洗衣服。在计划经济时代，居民买灯塔肥皂需要提供肥皂票，限量供应使得北京居民都更加珍惜它，许多人都会把肥皂从中间横腰掰断或者锯断，分成两块使用，以延长肥皂的使用寿命。而对于在单位上班的职工来说，定期发放的劳保用品中就有灯塔肥皂，省心了许多。许多北京市民在四合院或筒子楼中生活的记忆中都有灯塔肥皂的一席之地，公用洗漱间内，家庭主妇们用的肥皂几乎是清一色的灯塔牌，为示区分会用不同颜色的绳子绑住或者用报纸包住作为标记。肥皂用到只剩小小一块的时候不方便拿，大家会攒很多小肥皂块，沾水团在一起形成大一些的肥皂球，又能继续使用好一段时间，直到现在一些家庭仍然保有这样的习惯。

与如今精致光滑的香皂相比，泛黄的灯塔肥皂显然在外观上不占优势，人们更多的是把它当成记载着历史的老古董，看到它，便回忆起自己的青葱岁月。

三、大宝

"要想皮肤好，早晚用大宝""真情永不变，大宝天天见"，大宝品牌的广告语可谓深入人心，早已成为全民顺口溜。20世纪末，北京的国货品牌大宝便已拥有广大的消费者群众基础，到了尽人皆知的程度。

（一）"真情永不变，大宝天天见"

1985年，正值改革开放快速发展的时期，北京一家为解决残疾人就业而建立的福利企业北京市三露厂改名为北京大宝化妆品有限公司。此后大宝便开始了其锐意进取的创新之路，与时俱进研发多系列产品。

表2　大宝产品研发大事记

时间	产品	特点
1985—1990年	眼角皱纹蜜、老年斑霜、眼袋霜、减肥霜、美乳霜、生发灵	肌肤修复
1990年	SOD系列	养颜、防晒、增白等多重功效
1993年	美容日霜、晚霜	满足的人群更广
1994年	MT系列	老化皮肤修复
1996年	人参保健系列	肌肤保健
2000年	手足护理霜	护理吸收
2001年	物理防晒霜	健康防晒
2002年	去屑洗发露、焗油香波	头部护理
2014年	全系列更换包装	便捷翻盖、环保包装
如今	SOD经典系列、水凝保湿精华系列、天然集萃美白系列、眼部护理系列、雪肤活力系列、日晚霜系列	系列人群特点鲜明，护肤需求有针对性

1985—1990年，大宝推出眼角皱纹蜜、老年斑霜、眼袋霜、减肥霜、美乳霜、生发灵等美容保养护肤品，满足了众多女性消费者肌肤修复的需

超市中的大宝 SOD 蜜货架

求。1990年推出的SOD系列化妆品成为大宝的主打产品，从植物中提取超氧化物歧化酶（英文简称SOD）作为护肤品原料，产品具有养颜、防晒、增白等多种功效，开国内化妆品之先河。1993年生产出美容日霜、晚霜，消费者群体大大扩展，销量火爆。1994年大宝在皮肤老化修护领域加大研发力度，首发将金属硫蛋白（英文简称MT）应用于老化皮肤的营养吸收，作用效果显著，这批MT系列化妆品使得大宝在国内化妆品技术研发领域的地位大大提升。2014年，大宝全系产品更换全新包装，首次尝试更加便捷的翻盖包装，减少包装纸盒的浪费，彰显了大宝强烈的社会责任感。如今，大宝已出品SOD经典系列、水凝保湿精华系列、天然集萃美白系列、眼部护理系列、雪肤活力系列、日晚霜系列等多种系列产品，系列人群特点鲜明，大宝可为系列人群提供有针对性的护肤策略。

大宝的企业品牌始终保持着"温暖"与"真实"，从每个人的肌肤本源与真实肌肤需要出发，以面部护肤为重点，涉及面部清洁、眼部护理、身体护理等多个品类，为消费者提供物超所值的护肤选择，使用最简约最安全的用料，让护肤效果真实可见，用经久不散的点滴温暖抚慰人心。一路走来，大宝阐述了它的护肤理念：真而实的更亲和；真而实的更有效；真而实亦更动人。[1]与其他追求精致的"高大上"消费定位的化妆品公司不同，"大宝"人都不忌讳谈"中低端路线"，反而是一直津津乐道于"大宝"的品牌定位。[2]

（二）大宝贴心又暖心

北京大宝化妆品有限公司位于北京经济技术开发区荣华中路12号，占地面积25070平方米，建筑面积44871平方米。[3]大宝系列化妆品从1985年诞生至今，从不同时期不同人群的需求出发，为消费者提供众多物超所值的护肤选择，成为各年龄层男女消费者贴心的护肤品牌。

在不断为化妆品行业带来产品革新与技术交流的同时，大宝也始终保持着对社会公益的关注和支持，始终怀有高度的社会责任感。大宝助学金、希望小学捐助、环境治理出资都有着大宝热心的身影。[4]

而随着国产化妆品品牌日益增长与国际化妆品品牌知名度的提升，大宝渐显疲态，出现了盈利危机。2007年2月27日，国有控股企业北京大宝化妆品有限公司在北京产权交易所挂牌整体转让，挂牌价23亿元。

[1] 大宝中国官网 https://www.dabao.com/.
[2] 颜仕英.解读大宝品牌的大众化传播策略[J].中国化妆品,2002(12):56-57.
[3] 大宝化妆品品牌的发展历程[EB/OL].https://www.360xh.com/news/201102/21/11839.html.
[4] 宣教.真情互动打造爱心文化,为民分忧创出公益品牌[N].北京社会报,2005-08-24(007).

北京大宝化妆品有限公司

　　2008年7月30日，美国强生公司旗下强生（中国）投资有限公司宣布，已完成收购北京大宝化妆品有限公司的交易，北京大宝化妆品有限公司由此成为强生（中国）投资有限公司的全资子公司，进入了一个新的发展阶段。

（三）初心不变，芬芳永留

　　作为20世纪90年代中国城市家庭标配的擦脸油，大宝家喻户晓的程度令人惊叹，物美价廉是它最好的名片，老少皆宜的定位无疑是它最成功的地方。独特的姜花香型湿润了一个个寒冷干燥的北京冬日，最经典的SOD蜜是性价比之王，分量多、吸收好，用在手上、身上都不觉得浪费。其实很多人一开始并不了解大宝是地道的北京品牌，后来，其良好的口碑逐渐"出圈",在物流不是特别发达的时期,外省的朋友还会托北京的亲戚朋友带上几瓶大宝,足以见得大宝在北京化妆品品牌中起到的先锋带头作用。

时光荏苒,如今的大宝依旧在"以客户为中心"的道路上不断探索产品发展方向,致力于为特定的群体给予特别的肌肤护理,不论时代如何变换,"大宝天天见"依旧是一句真诚的约定,大宝的初心不变,必将芬芳永存。

那么原来的北京市三露厂是何种结局呢?原先位于东城区东南部的生产厂房于2019年开发为全国首个非遗主题示范文创园区——咏园,在保留原有历史风貌的基础上,通过精心装修和修饰,陈设多样的历史建筑小品,打造有层次的历史文化交流空间。原生产车间现名棠颂楼,定位为精品非遗商街及高端定制空间。原食堂变身非遗生活方式体验馆,以餐馆的

咏园

咏园大门

咏园内标识牌

咏园内的精品酒店

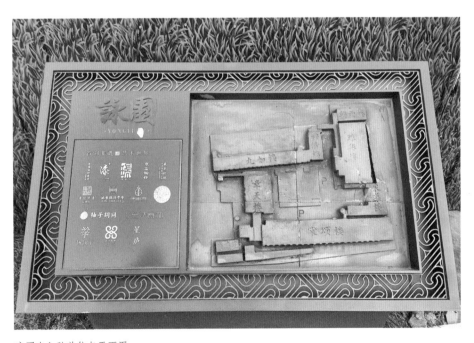

咏园内入驻单位与平面图

形式继承延续，引入各式各样的非遗美食。原办公楼现名九如楼，一层为沉浸式的展厅，展示老北京景泰蓝、玉雕、漆器、纺织等非遗技艺。截至2021年12月，九如楼上下两层共有16间大师工作室，多位非遗大师入驻。整个园区会不定期举办沉浸式展览、非遗技艺体验活动、非遗文创市集和非遗主题活动。在这个以多元的空间形态承载丰富的非遗业态的园区中，营造了复合的非遗文化氛围，为首都功能核心区提供了极具价值的文化服务。[1]

四、鹿牌保温瓶

"冬天用来放豆浆，夏天用来盛冰棍"，在北京市民的一年四季中，鹿牌保温瓶一直是贴心的存在。鹿牌保温瓶的一个突出标志便是瓶盖上那头跳跃着的小鹿，那头小鹿一跃跃进了北京人民的生活中。

（一）"爆款"小鹿矫健奔腾

1962年，第一个鹿牌保温瓶在昌平南口镇东大街22号北京保温瓶厂诞生，暖瓶内胆是两层玻璃，在工艺上需要一大一小两个玻璃瓶，将大瓶底部开口，去掉小瓶瓶口，将小瓶放于大瓶中就形成了一个完整的保温瓶内胆。在当时纯手工的时代，这样的工序不算简单，工人们生产需要花费很多时间，往往一站就是一天，保温瓶厂有5个庞大的熔炉，常年连续工作，保持1400℃的高温。[2]

---

[1] 前身为"大宝"老厂房，全国首个非遗主题文创园"咏园"今开园[EB/OL]. https://baijiahao. baidu.com/s?id=1637583049754986502&wfr=spider&for=pc.

[2] 停产5年多·鹿牌暖瓶厂你还好吗　激情燃烧的工业岁月不曾磨灭[EB/OL]. https://www. sohu.com/a/209181851_99935108.

生产鹿牌保温瓶的北京保温瓶厂原先是北京第九制帽厂。响应政策号召，北京第九制帽厂将厂房从东城区鲜鱼口搬到了昌平区南口镇东河滩。三年困难时期，棉布等帽子的生产原料缺乏，制帽厂难以为继。厂长史静贤在和工人们愁眉不展商量对策的时候，不小心打碎了一个珍贵的保温瓶，在北京市场上苦苦寻找未果，工人们灵机一动，提议不如直接改为生产保温瓶。史静贤便带领工人们到张家口、天津等地学习生产技术。1960年北京保温瓶厂开始筹建，1962年4月27日，第一个保温瓶出厂。"当时工人抱着保温瓶小心翼翼地交给从天津请来的检验员检验，等人家仔仔细细地做过检验，在上面盖上了合格章后，大家才松了一口气，所有人都特高兴！"保温瓶厂的工人老潘回忆道。从此北京拥有了自产自销的保温瓶，保温瓶被取名为鹿牌，寓意为保温瓶厂以后能发展得又快又好，这只矫健的"神鹿"便从此踏上了征程。

鹿牌保温瓶在20世纪六七十年代一直是送礼的首选，一些单位也将它作为奖品嘉奖优秀员工。20世纪80年代，以北京百货大楼为代表的北京大型购物商场均有鹿牌保温瓶专柜，专柜前每日都熙熙攘攘，仓库门口进货的车队如一条长龙。对于百姓来说，它的意义已经超越了日常用品，更是个人与时代的印记与骄傲。

（二）制造业发展前沿阵地

1986年，鹿牌保温瓶有11项产品分别获得国家级、市级优秀荣誉称号。1989年，鹿牌系列保温瓶有30多个规格100多个品种上千种花色，年产量2000万只。1992年，在庆祝建厂30周年的大会上，奖励30年工龄的老职工每个人3000元。当时普通工人每月只有一二百元的工资，而这个厂工人的月收入就达到了七八百元，这悬殊的差距足见北京保温瓶厂的效益是多么的好。北京保温瓶厂的单位大院里有食堂、幼儿园、医院等齐全的基础设施，是名副其实的大厂。据厂职工介绍，鹿牌保温瓶在全国的市场占有率达25%以上，在北京地区接近100%，是名副其实的"国民保温瓶"。同时鹿牌产品曾出口50多个国家和地区，年创汇达800多万美元。[1]它还曾作为北京市政府赠送给100多个国家的驻华使节的礼物，当年的鹿牌保温瓶是北京市工业交流与改革的重要窗口。[2]

改革开放后，全国保温瓶市场流动性增强，南方同类企业迅速发展，鹿牌一定程度上受到冲击，经营业绩下滑。年耗能7万吨标准煤的节能减排压力也使其经营困难重重。2008年为保障北京奥运会，鹿牌曾主动限产60%，停产3座窑炉，鹿牌与北京城市发展的矛盾日益凸显。2012年，由于鹿牌保温瓶生产高污染、高耗能、高耗水，与北京城市发展规划不符，北京市将原位于昌平南口镇的北京保温瓶厂迁至内蒙古、山东，继续生产保温瓶。后来老商场中的鹿牌保温瓶存货和旧货市场上的鹿牌保温瓶二手货都成了这段尘封回忆的见证。

北京保温瓶厂采用花园式厂区形式，曾有着"昌平区小颐和园"的称号，后来虽已没落，但厂区内的工业历史原貌得到较大程度的保留。工厂车间、员工宿舍、户外活动场地都散发着独特的工业气息，成为许多影视剧拍摄地和写真外景取景地，展示了北京保温瓶厂浓厚的工业文化氛围。

昌平区政府在发展全域旅游相关计划中也关注到南口工业文化遗产资源的旅游开发潜力，提出深入挖掘北京保温瓶厂等传统工业企业的历史价值和文化内涵，进行影视拍摄、文化体验、文创开发等旅游模式建设，这

[1] 停产5年多·鹿牌暖瓶厂你还好吗 激情燃烧的工业岁月不曾磨灭[EB/OL]. https://www.sohu.com/a/209181851_99935108.
[2] 温宗勇,甄一男,李伟等.唤醒工业时代的记忆——探索工业文化遗产保护与发展之路[J].北京规划建设,2014(02):156-164.

北京保温瓶厂厂区一角（一）　　　　　　北京保温瓶厂厂区一角（二）

将为与北京保温瓶厂类似的传统工业区带来新的发展机会。这颗北京工业史上的明珠彰显了北京人家长里短的温情回忆与勤奋劳作的激情岁月，储存着珍贵的光阴与回忆。

（三）牢牢保温的"单位情感"

在那些被铭记的温暖岁月中，鹿牌保温瓶带来的温情历久弥新。在这个北京老牌厂区的单位大院中，由许许多多的小圈子与小家庭组建而成，大家在工作中相识，成为好友，甚至有些夫妻起初是因为鹿牌保温瓶而结缘，组成家庭，继而每个小家庭的孩子们又在一个单位的大院中共同长大。家属院中的假山、小亭、池塘……都有着孩子们欢乐嬉闹的童年记忆。单位形成了一个情感浓厚的"社区"，在车间劳作、在食堂吃饭、在礼堂聚会，这一帧帧的岁月记忆形成了独属于"60后""70后"的"单位情感"，这里有着太多人人生的转折点，回望这段岁月，回望这个青春驻足的地方，心中满满的感动。

昌平南口这座厂房为昌平区乃至北京市制造业的发展与经济进步做出了巨大贡献。虽然随着生活水平的提高，保温瓶渐渐淡出了人们的视野，但是北京市民不会忘记厂子里的那些人和事。真心希望这片曾经辉煌的土地能有新的机遇与美好的未来。

第四章　　机械转动的永久记忆

　　机械制造工业是近现代工业文明的重要标志，也是一个国家走向工业化、迈入现代化的集中表现，其为国民经济发展、促进产业升级做出了重大贡献。在为国民经济建设提供了大批重要技术装备的同时，也有一些机械制造融入千家万户的生活之中，成为制造技术的珍贵遗存。

　　20世纪六七十年代的北京，结婚必备"老三样"——钟表、缝纫机、自行车，如果再配上一个收音机，组成"三转一响"，就是妥妥的真爱了。在那个年代，这些机械器具为生活带来很多便捷，是很多家庭的珍宝。随着时代的变化，"老三样"早已成为记忆中的老古董，但一些老北京人家中仍保存着这些老物件，机械齿轮一转动，那些永久的回忆便如潮水般涌来。

一、燕牌缝纫机

　　"新三年，旧三年，缝缝补补又三年"，在崇尚勤俭的岁月中，衣物破损需要缝缝补补。纯手工修补费时费力，缝纫机的出现使得家庭满足感与和谐度显著提升，它也是一个家庭经济情况好坏的写照，体现着家庭成就感与自尊感。老北京人都知道，买缝纫机要买燕牌的，但在20世纪50年代燕牌缝纫机可谓"一机难求"……

（一）双燕飞入百姓家

　　第一台燕牌缝纫机1956年诞生于北京缝纫机厂，"燕"取自北京的旧称"燕京"的"燕"，体现了强烈的地方区域特色。在缝纫机机体正中央镌刻着金色的"燕牌"二字，一旁刻着燕子的图案，配有植物装饰，尽显灵动与活泼，贴近中国老百姓的传统喜好。一台燕牌缝纫机在当时需要127元，这相当于普通工人四五个月的收入，可谓一笔巨款。那时缝纫机还凭票供应，缝纫机票"一票难求"，这样悬殊的供需差距使得燕牌缝纫机的地位更加突出，所以谁家有一台燕牌缝纫机，必定是最时髦、最有面子的。面对这样一个奢侈的物件，人们当然将其视作金贵的宝贝，不用的时候罩着布，定期上油保养。

北京缝纫机厂在开发燕牌缝纫机后，还进行了多种工艺研发，改进缝纫机使用中存在的问题。1982年5月，燕牌缝纫机被评选为北京优质产品。

（二）效力新时代工业发展

缝纫机最早由海外传入上海，20世纪50年代起逐渐推广于全国市场。但当时北京仅有几家制衣作坊，市民对于服装购买需求不高，反而对于修补衣服的缝纫机需求高涨。

1956年，北京的几家制衣作坊合并成立北京缝纫机厂，于丰台区宋家庄建厂，同年第一台燕牌缝纫机问世。北京缝纫机生产技术也不断提升，从一开始大部分从上海引进人才与零件，到后来基本能满足北京市场的缝纫机精密零件维修需求与小部分的缝纫机独立生产，燕牌缝纫机见证了北京轻工业水平的提升。

1975年，北京缝纫机厂将厂房迁往五里店，年产量可达到数千台，加上缝纫机购物票的短缺，市场一度供不应求，十分火爆。随后北京缝纫机厂在新产品的开发和试制工作中也有了新的进展，研发并批量生产JB9-3型燕牌家用缝纫机，拓展研发鞋机和工业缝纫机等新品种，20世纪70年代末，其生产形势蒸蒸日上，表现出了旺盛的生命力。

1981年7月，"为了适应群众需要，加速商品流通和货币回笼"，北京取消了缝纫机凭票供应的传统方式，改为持单位介绍信即可购买。直到1983年票证制度取消，燕牌缝纫机渐渐不再如从前一般紧俏。1992年大量技艺先进、功能齐全的外来缝纫机品牌进入北京市场，燕牌缝纫机渐渐淡出了人们的视线。目前市面上可能还有一些燕牌缝纫机收藏品，但价格悬殊，当年售价127元的燕牌老缝纫机如今最高能卖到5000元。

目前燕牌缝纫机在市面上很难见到，只能在珠市口、潘家园等旧物件聚集区搜罗出几台。如今的缝纫机多是制衣厂商的生产工具，缝纫机种类层出不穷，工业化、便携化成为产业新方向，全自动的作业手段高效准确，缝纫机的科技工艺水平依旧在不断提升，为新时代的工业发展效力。[1]

（三）踏板吱吱的动听乐章

在20世纪很长的时间里，缝纫机是人们"家庭生活四大件"之一，燕牌缝纫机经历了从供不应求到家家常见的过程，很多人都与它有着不可分割的情感。

北京缝纫机厂的职工是与燕牌缝纫机相处时间最久的一群人。20世纪80年代初，在缝纫机厂干活那可是件光荣的事儿，和亲戚邻里一说，脸上都有光。缝纫机厂是流水线生产，一道工序也许仅负责一两个零件的加工与装配，但工人手下一直有活，很难有闲下来的时候。在全厂职工的兢兢业业与齐心协力之下，北京缝纫机厂取得了许多不菲的成绩。

---

[1] 纺织情怀：上世纪五十年代燕牌缝纫机"一机难求"[EB/OL]. https://www.sohu.com/a/234655558_810202.

但到了20世纪90年代初，北京缝纫机厂陷入困难，职工们纷纷改行做别的工作。

同样和燕牌缝纫机有着深厚感情的还有缝纫机维修铺的师傅，他们看着一台台北京本地的燕牌缝纫机格外亲切，仿佛是自己的孩子，精心修理与呵护。有缝纫机修理师傅的保驾护航，家家户户的燕牌缝纫机才能一直为北京市民的日常生活服务。缝纫机手艺的掌有者一般是爷爷奶奶这一辈的老人家，一手扶着摇轮，一脚踩着踏板，戴着一副老花镜低着头为孩子缝补衣服的场景对于大家来说都不陌生。在老人的手里，一块布用缝纫机左边缝一下，右边缝一下，就变成了一件小裤子。我们小时候的很多衣服都是用缝纫机做的，相比现在的衣服，虽然款式没有那么多，但是做工因那密密的由爱组成的针脚而格外牢固。每年要置办新衣服的时候，燕牌缝纫机便能派上大用场，相比成品衣服，自己做的衣服能便宜很多，布料款式也能根据自己的喜好选定。从20世纪80年代末开始，生活水平提升了，人们更加倾向于购买成品新衣，破旧的衣物也不再看得如以前那般珍贵，使用缝纫机的机会就少了。慢慢地，燕牌缝纫机已经不在市面销售，转而成为收藏品，在北京的旧物淘货区里，一台台燕牌缝纫机记载着曾经的往事。

二、燕牌自行车

20世纪七八十年代的北京，满街的自行车是一道亮丽的风景线，"自行车之都"名副其实。其实自行车很早就出现在了北京。

（一）从火炬牌到燕牌

传闻北京自行车最早是外国人偶然带来的交通出行工具，最早出现在西交民巷的租界里。但又有不少人说，北京的第一辆自行车是19世纪70年代由外国人进献给光绪皇帝的。

光绪年间后期，在京城街头已可以看到自行车的影子。但紫禁城中有确切记载的第一个骑自行车的是末代皇帝溥仪。[1]1922年，溥仪堂兄送了溥仪一辆自行车，当时16岁的溥仪十分高兴，一有空就骑着车在宫中四处游玩。他在《我的前半生》中回忆道："为了骑自行车方便，我把祖先在几百年间没有感到不方便的宫门门槛，叫人统统锯掉。"足见自行车是溥仪的心头宝。

1960年，在朝阳门外大街关东店成立了北京第一家自行车厂，后称为北京自行车一厂。北京自行车最早的品牌叫火炬牌，[2]后来北京燕牌缝纫机销售火爆，北京市轻工业局便下令将火炬牌自行车也改为"燕牌"。

（二）竞争中没落

1959年7月开始，北京市政府对手表和自行车采取收取购买券的供应办法，"僧多粥少"的情况持续了很久。1964年，手表、自行车开始放开市场供应，到了1973年购买自行车又恢复了凭票供应，在这些政策变动中，自行车厂的生产数量与定价也受到一定程度的影响。

20世纪80年代初，市场经济蓬勃发展，自行车品牌日益增多，型号各式各样，同时燕牌自行车因缺乏技术创新与产品改革，竞争力已大不如

[1] 本刊编辑部.自行车在中国的历史与衍变[J].汽车与安全,2017(07):53-55.
[2] 话说老北京之自行车，不比现在的宝马奔驰差[EB/OL]. https://baijiahao.baidu.com/s?id=1598635766970769013&wfr=spider&for=pc.

前，最终于20世纪80年代末停产。在短暂的几十年中，许多家庭享受到了它带来的便捷与快乐，留下了一段珍贵的回忆。在拥有越来越多快捷交通工具的时代，燕牌自行车也只能作为一个寄托怀念的老物件蒙上岁月的灰尘。

（三）时光封存的纪念品

大人骑着二八大杠的燕牌自行车威风无比，孩子们看着心里也痒痒，也学大人风驰电掣，不少孩子都挨过摔。因为孩子个儿小，只能从自行车的三角杠中"掏裆"骑，费力地让自行车往前挪动，下车也不好控制，只能找个软软的土堆或者草垛撞上去生生别停。要是碰上有大人在旁边，总会伴随着大声尖叫与数落，所以有关自行车的童年记忆总是"下车失败"导致的鼻青脸肿的疼痛，回到家里也免不了家长的一顿打。

后来燕牌自行车生产数量减少，市场上渐渐少了它的身影，偶尔在旧货市场上成交一两台。买主大多在买自行车时看中了燕牌自行车精神又别致的外观，对这款北京产的自行车行情并不知情。随着北京自行车一厂的渐渐衰落，市面上倒出现了许多收藏自行车的淘货贩子，燕牌自行车也从那时候开始不再经常出现在大众的视野之中，更多地成为被时光封存的收藏纪念品。

三、双菱牌手表

（一）便捷报时小能手

双菱牌手表产自1958年成立的北京手表厂，是北京手表厂的主要出口品牌。菱形是简单的几何图形，可以构成多种复杂图案，这种朴素又多变的图案恰好适合用来装饰、美化生活。[1]传统的双菱牌手表表盘素净，指针与表盘刻度都镀上了金色，不过由于工艺相对传统，镀金层较薄，戴久了难免会掉色。在表盘中央偏上的位置是个嵌套的"双菱"商标，凸显着低调又大气的品牌内涵。机芯大部分是全国统一机芯，机械表不用电池，但是要记得每天上弦。当时的双菱牌手表一块需要几十元，在20世纪70年代可以抵工薪阶层一两个月的工资，是名副其实的奢侈品。即使价格不菲，还是有许多人购买，就是看中了它的便捷性，拥有一块双菱手表，随时随地掌握时间，提高了学习、工作的效率。

同时，双菱牌手表还推出过外观较奢华的系列，例如和北京牌20钻类似的双菱40钻，钻石装饰带来了极好的视觉效果，在太阳底下闪闪发光。北京手表厂在当时已掌握了陀飞轮、双陀飞轮、陀飞轮三问、双轴立体陀飞轮等高复杂手表的设计制造技术，同时还包括微雕、镂空、珐琅、贵金属加工及宝石镶嵌等高级手表的生产制作工艺，[2]是一个拥有完全自主知识产权和高级手表核心技术的手表制造商。双菱手表作为知名度排名前列的产品，承载着丰厚的历史文化底蕴和创新科技精神。

（二）高瞻远瞩的品牌振兴

北京手表厂于20世纪50年代建厂，在建厂后的50年间累计生产了超过15个系列的基础机芯，累计生产、销售手表和手表机芯超过2200万只。1970年3月开始，国家轻工部聚集全国各大手表厂、钟表研究所及有关院校的工人、干部和技术人员共同研制统一机芯，统一机芯在北京手表厂于

[1] 鲁湘伯.计划经济时期国产表的商标趣谈之七　手表上的"社会生活"商标[J].钟表（最时间）,2019(05):98-103.
[2] 传承历史情怀　回顾北京手表厂传奇故事[EB/OL]. http://www.xbiao.com/bjwaf/27215.html.

1974年率先试验成功并投产。这种统一机芯的推出促进了国内整个钟表行业的发展。

受石英危机冲击后，北京手表厂一直在探索振兴的道路，实施了表壳车间、表盘车间、装配车间（部分）分离出来成为北京表壳厂、北京表盘厂、北京手表装配厂等系列举措。随后，北京手表二厂、北京钟表厂、昌平一中校办厂成立，均为北京手表厂业务相关企业。不断改革摸索的同时，北京手表厂也认识到品牌建设的重要性，逐渐推出了北京牌、双菱牌、双城牌、三环牌、燕山牌等大量的子品牌，其中双菱便是北京手表厂出口的主要品牌，在国外市场上被翻译成"Double Rhomb"，在国内的副牌叫作双城。

2004年，北京手表厂实行改制，通过股份制改造改制为民营企业，改名为北京手表厂有限公司，存在了40多年的国营企业成为历史。[1]

（三）经受时间考验的匠人精神

在公共场所还没有普及钟表的时候，仅有火车站、百货大楼等一些大型公共设施上挂有钟表，拥有手机等通信设备的人更是稀少，人们出门在外不知道时间十分不便，因此手表首先成了通勤人士的刚需。

双菱手表价格适中，受到刚工作的上班族的青睐，当时最受欢迎、性价比最高的是双菱牌17钻全钢防震表。那个时候女表和男表一样大，以女表表盘上边刻着一只孔雀作为区别。双菱手表时尚与优秀品质并存，陪伴着北京市民度过了每个紧张又充满期待的早晨与成就满满的夜晚。同时双菱手表也见证了许许多多北京市民的人生计时节点：父母为考上大学的孩

---

[1] 国晔.北表嘀嗒[J].国企管理,2022(01):100-103.

子准备一只寄托殷切期望的双菱手表；刚步入社会的年轻人辛苦了一整年后下定决心用攒的钱买一只双菱手表；新人结婚的时候一只双菱手表作为陪嫁嫁妆陪伴新娘迈向新的人生阶段……小小一只手表寄托着一个个美好的期待。

第五章　　工业园区的青葱记忆

　　重工业是为国民经济各部门提供物质技术基础的主要生产资料的工业部门，在城市建设与发展中，重工业制造是必不可少的一环。北京作为中国工业起步发展时期的前沿城市，有着众多诞生于生产需求之下的大型工业厂房，成长于北京工业时代的北京市民们，拥有与工业制造密不可分的青葱岁月。

　　在生产型城市的发展指引下，环境问题逐渐凸显，北京转变工业结构与布局，逐步将重污染工业转移出中心城区。而曾经工业锻造遗留下来的鲜活遗产则成为北京新时期发展的历史、文化、经济、社会资源，成为构建北京城市特色的重要要素。

一、首都钢铁厂

　　首都钢铁厂（以下简称"首钢"）是北京市最早的近代大工业企业之一，那雄伟耸立着的高炉与烟囱，痕迹斑驳的炼钢器械，热火朝天的炼钢景象，浩浩荡荡的工人队伍，已经成为许多北京人刻在心底的标志与符号。

（一）顾全大局的毅然转型

　　首钢厂房位于北京西部的石景山区，厂区面积为8平方千米，以生产钢铁为主，经营范围涉及房地产、电子等多领域，是一家实力雄厚的企业，多次登上《财富》世界500强榜单。首钢有着悠久的发展历史，是新中国不同阶段时代政策背景之下成长起来的企业，它的发展主要经历了北洋起步阶段、建国兴起时期、改革光辉时期、疏解变迁时期4个阶段。

北洋起步阶段：1919年3月，北洋政府建立了官商合营性质的龙烟铁矿股份有限公司，炼铁厂厂址位于石景山区东部，取名为"龙烟铁矿股份有限公司石景山炼厂"，并积极推进建设，基本具备了日产250吨的炼铁生产能力。[1]1937年，厂房被日本人占领，改名为"石景山制铁所"，并进行掠夺式开发生产。国民党掌管后，继续恢复生产，至中华人民共和国成立前夕，产量达到28.62万吨。

建国兴起时期：中华人民共和国成立初期，将钢铁业作为重点发展的行业，炼铁厂继续扩大生产。1958年，首钢结束了"有铁无钢"的历史，改名为"石景山钢铁厂"。1966年，改名为"首都钢铁公司"，逐步成为我国的特大型钢铁企业。

改革光辉时期：1978年，首钢的钢产量就已经达到179万吨，成为当时的全国十大钢铁企业之一，并顺利成为国家第一批"经济体制改革试点单位"，1989年又被评为国家一级企业，其后具备了年产1000万吨钢的生产能力。

疏解变迁时期：在日益凸显的环境污染问题与当时即将举办奥运会这一盛事的冲突之下，出于城市空间结构转变、区域经济发展转型、环境保护等现实需求，对于"要首都还是首钢"的犀利问题，国家最终做出了一个"壮士断腕"般的决定——逐步将首钢的主厂区撤出北京。2005年2月，遵循首钢搬迁调整方案，开始逐步缩小北京石景山厂区钢铁生产产量。6月，首钢历史上第一座大型高炉——5号高炉停产。同年，《首钢实施搬迁、结构调整和环境治理的方案》得到国务院批复，首钢8000万吨产能启程迁往曹妃甸，[2]在北京总部仅保留研发、物流等无污染的高新部门，开始了"一产多地"的生产新格局。

[1]　李洋.沦陷时期日本对石景山炼铁厂的侵占与掠夺[J].北京党史,2019(02):27-31.

[2]　苏民,徐文营.新起点　新步伐[N].经济日报,2009-03-24(007).DOI:10.28425/n.cnki.njjrb.2009.001825.

工业情怀与职工对辉煌往昔的怀念，没能影响北京市缓解空气污染和调整产业结构的决心，2011年年初，首钢在石景山厂区举办了"钢铁主流程停产仪式"，标志着这座有着92年历史的冶炼厂正式停工。一个雄踞国内行业产量第一的钢铁企业完成了搬迁。这座凝结了几十万人情感的钢城，以此为时间节点，正式退出了历史舞台，但是曾经的回忆已永远定格在了人们的脑海之中。如此宏大的一个企业，它在近100年里的整体记忆其实是由无数个细小的个体记忆编织成的，许多北京人的青春都与这座工厂有着关联。

（二）时代变迁，首钢精神不变

工作生活于首钢中的每一位工人都与它有着独特珍贵的记忆，在历史洪流之中，不论是在何种时代，在何种岗位，北京人永远都不忘这份热火朝天的依恋。

中华人民共和国成立后，随着北京工业建设的兴起，钢铁厂的工人成为一个抢手的岗位，大家都认为这是一份非常体面的工作。口述史著作《首钢家庭》讲述了首钢工人李长兴一家与首钢的故事。李长兴5岁时随父母迁到石景山，1944年便入厂工作，1991年退休。这个家庭中还有多名成员曾在首钢工作，他们讲述了在首钢的工作经历、家庭生活，见证了首钢几十年来的变迁和发展。其中有个有趣的片段，书中提到李长兴的一个女婿原来在老家的时候经常饿肚子，21岁时只有1.56米，后来离乡到首钢工作吃得好，3个月个头就一下子蹿到了1.7米，足见首钢职工的工资和福利的丰厚程度。

首钢的老摄影师马立昆用他的相机记录了那个钢铁时代的浓烟与铁水。[1]1951年，年仅18岁的马立昆就进入首钢运输部工作。1958年，他到

---

[1] 马立昆，李响.首钢工人用镜头记录激情燃烧的钢铁年代[J].文史参考,2011(06):54-56.

《石钢小报》（后来的《首钢日报》）成为一名摄影记者。在工作的40余载中，马立昆发表了2000多幅照片，记录下了首钢许多普通但珍贵的日常点滴。在马立昆最年轻气盛的时候，新中国也与他同步成长起来，那个时候新中国成立伊始，钢铁厂需要大量职工，钢铁厂的工资都按照日结，干一天的工作能赚6斤4两小米。首钢作为北京解放后第一个国营钢铁厂更是待遇不薄，前来应聘的人络绎不绝。马立昆说当时能成为首钢的工人十分光荣，大家戴着厂徽在街上走，都会迎来许多羡慕的目光。同时由于既是钢铁行业，又是工人阶级，首钢工人的地位之高更是令人羡慕。

首钢人在艰苦奋斗的这些年，形成了"敢为天下先"的精神，他们作为民族工业的代表，最先运用自主研发的技术。首钢职工对这个企业和这片土地有非常深厚的感情，他们的命运和这片土地也是绑定的，是"小我"与"大我"相交融的，在这个过程中他们的默默耕耘就是首钢百年精神的内核。

首钢与奥运可谓结下了不解之缘。首钢的搬迁与2008年夏季奥运会的需求有关，而10年之后，冬奥组委也选择了首钢，奏响了新时代的"冰与火之歌"。2016年，位于老厂区的北京冬奥组委办公地首次向媒体开放，首钢不仅是从前那位铿锵有力的"钢铁巨人"，还增添了几分冰雪的柔美。停产后的首钢老厂区，凤凰涅槃，浴火重生，掀开了打造城市复兴新地标的崭新篇章。[1]

"老钢铁人"刘博强师傅便是这一变化的见证人，他在首钢工作20多年，曾干过轧钢工、炼钢维检工，如今成功转型成为冬奥会冰壶项目的制冰师。刘博强回忆道："2016年，冬奥组委进驻首钢园区，从那时起，保障

---

[1] 壮丽70年 奋斗新时代 | 首钢园区的奥运奇缘 [EB/OL]. http://www.beijing.gov.cn/ywdt/zwzt/dah/bxyw/201905/t20190507_1815792.html.

冬奥成了我们的首要任务。原来的车间，被改造成了冬奥训练场馆。"深深烙印于刘博强心中的"敢为人先"的首钢人精神敦促着他在一个全新的岗位上依旧兢兢业业，出色地完成了他的"工匠"转型之路。他谈道："作为新时代的产业工人，从未如此真切地感受到，自己和国家发展、国家大事之间有着这样紧密的联系。"成为精益求精的"制冰大工匠"便是他身为首钢人在新时代北京建设中的梦想。[1]

依托得天独厚的地理位置、首钢品牌效应、自然资源等优势，首钢旧址作为一项工业遗产迎来了它新的发展机遇。在2018年1月，首钢入选第一批中国工业遗产保护名录。在政府土地和财税政策倾斜的扶持下，首钢以工业遗产为定位点，进行了如火如荼的城市更新改造。在奥运会体育赛事"重大事件导向"和符号化消费的"文化产业导向"共同合力作用下，首钢园区整体形成了自然与工业和谐并存的景观。

3号高炉是昔日首钢园区炼钢工艺的重要环节，是首钢人集体记忆的载体，是园区的地标建筑，设备最密集，特征最鲜明。3号高炉将工业遗产的价值抽象化，并叠合了现代生活对其保护和再利用的诉求，成为具有强大传播力的文化符号，进而促进和推动工业遗产的文化消费。[2]3号高炉改造项目的设计遵守保留锈色原貌、突显工业印记、构造魅力动线的要点，将"向工业致敬""与自然融合""同现代接轨"主题的碰撞演绎到极致。[3]其他区域核心的几座高炉也利用防锈漆进行维护，留有工业原貌，高大雄伟的炼炉依然不减当年的飒爽英姿。

首钢注重建构工业遗址与自然环境对话的关系，将原高炉凉水池改造

[1] 刘博强:匠心炼就"冰与火之歌"[EB/OL]. http://bj.people.com.cn/n2/2020/0426/c396745-33976583.html.

[2] 薄宏涛.百年首钢的凤凰涅槃——首都城市复兴新地标的营造历程[J].建筑学报,2019(07):32-38.

[3] 莫贤发.城市复兴视角下首钢三高炉博物馆的保护改造[J].工业建筑,2020(11):6-10.

3 号高炉

4 号高炉

郁郁葱葱的秀池一角

"刚柔并济"的秀池一角

北京 2022 年冬奥会和冬残奥会组织委员会办公地

成秀池，地面部分恢复原有水域空间，保持自然环境的肌理特征，配以许多自然的原生态植物，整体形成良好的生态景观，实用性与艺术性兼具，使自然山水与工业遗址交相辉映。池底下方设置地下车库以解决停车难的问题，并且利用剩余空间设置展厅与餐馆配套服务设施，将许多细碎的空间激发出全新的使用潜能，使之成为唤醒城市文化生活的空间场所。

2015 年，北京申办冬奥成功，北京冬奥组委宣布落户首钢，老钢厂迎来了新机遇。次年，冬奥组委进驻首钢园区，选择西十筒仓老厂区作为办公地点。秉承可持续发展的理念，计划通过对现状工业遗存的改造提升，赋予工业遗存新的生命力，让工业遗迹与现代化办公环境相互融合，充分展现首钢园区特有的文化韵味。[1]首钢以此为契机，开始大力推进园区建

[1] 杜雷.首钢40年：镜头里的铁色记忆[J].中国工业和信息化,2019(01):90-96.

设。精煤车间是长300米的巨大厂房，改造后，建筑外貌得以保留，室内被打造为现代化气息浓重、现代功能齐全的冬季运动训练场，有短道速滑、花样滑冰、冰壶、冰球4个项目的训练场地。但训练场外仍然尊重工业的原貌，室内墙体上还裸露着钢筋，体现了工业遗产活化利用的主旨。园区北侧建成冬奥广场，众多老厂房开始承接发布会活动。为了更好地连接公园内各个场馆和设施，进行了系统的道路规划和完善，并充分利用首钢博物馆和冬奥会大型现代场馆设施的社会影响力，突出地标式建筑文化特征。[1]如今，首钢旧址已经成为自然和工业相互协调，迸发科技、教育、娱乐、经济、社会等多重价值的新型空间，迈向成为新时代首都城市复兴新地标的征程，为城市发展转型注入了新的活力。

首钢园区不仅仅是北京西部的一片搬迁旧址，更是帮助我们记住那些尚未走远的历史事实的引领者。北京过去的工业记忆在这片土地上寻找到了一个新的载体，向更多的人展示着首钢的大厂风范，展示着首都钢铁年代的鲜明烙印，见证了一个城市更新项目典范的崛起。首钢的历史丰碑上，镌刻着过去的荣光，也承载着未来的辉煌。

（三）首钢传奇再续写

从工厂到企业再到如今面貌焕然一新的城市新地标，首钢在首钢人的亲身经历中，在北京市民的注视之中走来，见证了首都的时代变迁。

大批的首钢老员工都是在石景山钢铁厂时期入厂的，根据厂里的发展需要，职工的岗位变动也较为频繁，首钢老职工们将毕生的心血奉献于首钢的生产与发展，风风雨雨数十载中，亲身经历了首钢从钢铁厂到钢铁公

[1] 郭木华.首钢冬奥会场馆及周边场地赛后利用的探讨[J].现代商贸工业,2020,41(20):202-208.

有趣的"烟囱"元素垃圾桶

首钢滑雪大跳台

司、首钢总公司直至首钢集团的各个阶段，目睹了首钢从小到大、逐渐变强的变化过程，见证了首钢从有铁无钢到成为国际上大型跨国钢铁公司的历史。在创造高质量物质产品之外，首钢创造出了优秀的企业文化，培养了大批优秀人才。在国家发展转型的重要阶段，在城市建设的重要节点，正是有着这些优秀的带头人，首钢的抉择与转型才能这样果敢与正确。像刘博强一样的"老首钢人"时刻关注着首钢的前途与命运，在冬奥这一重要机遇之下，"老首钢人"的参与体现的是一份独属于首钢人坚韧精神的传承，因为他们坚信，无论是火里的锻造还是冰上的打磨，首钢人都能够圆满出色地完成任务！

对于大多数的北京市民来说，儿时的活动必不可少的是游石景山游乐园与附近的首钢园，石景山游乐园五彩缤纷，相比之下首钢就十分低调甚至稍显黯淡。但伴随着首钢的转型与新生，人们惊喜于这样翻天覆地的变化：老旧的道路被规划成平整有序的柏油路，越来越多现代的"微空间"被填充在首钢的各个角落，园区内湖水、高炉、管道，组成一道特有的风景，在高炉旁坐下，翻翻书，喝杯咖啡，别有一番情调。儿时记忆里不停冒烟的大烟囱在保有历史建筑痕迹的基础上又成为和文艺与休闲紧密相关的多元文化空间，首钢在岁月更迭中似是故人，但又给人以惊喜与期待。

在经历了大工业时代的热烈、后工业时代的寂寥后，首钢在冬奥时代重塑辉煌，首钢的传奇将继续在首钢精神的指引下续写。

二、北京焦化厂

能源燃料作为家中重要的生计材料，一直是老百姓们关心的重要问题。北京在能源燃料问题上，经历过曲折的道路，面临过与环境对抗的矛盾，在不断优化城市能源结构的同时照顾着百姓的起居生活。

北京焦化厂是我国最大的煤化工专营企业之一，也是北京城市商品煤气的主要供应源地，作为首都重要的煤化工产业部门，其对于我国煤化工文明有着重要的影响，也目睹了北京城市建设在大刀阔斧中走向细水长流的转变，对城市具有重要意义与价值。

（一）从环保到环保的命运之轮

20世纪50年代，北京主要以煤为取暖燃料，那时候的北京城一到冬天便成了"雾都"，烧煤排放的烟雾令市民们苦不堪言。1958年，为了解决北京燃料结构单一、能源浪费严重和环境污染严重的三大难题，北京焦化厂开始筹建。1959年11月18日，北京焦化厂建成投产，北京东南部原本荒芜的洼地上耸立起巨大的烟囱与"大肚子"焦化炉，由此北京开始了使用煤气的时代。具有跨时代意义的人工煤气从炼焦炉中新鲜出炉，煤气通过管道输送到市区。人民大会堂、大使馆、北京饭店等重点单位成为第一批煤气用户。李霄路是北京焦化厂第一任厂长，他对焦化厂第一天剪彩开工的情景印象深刻，他回忆道："推出第一炉焦炭时，我就在焦炉前，紧张地看着通红的焦炭从炉子里出来，到熄焦车上，再进入熄焦塔、晒焦台、分焦车间……干部工人抱在一起欢呼雀跃，都流下了激动的热泪。打那天起北京摘掉了燃料结构落后的帽子！"[1]

自此，北京的煤气生产水平逐步提升，煤气也逐渐普及到普通市民家中，得到了北京市民的一致认可。在煤气需求量猛增的情况下，北京焦化厂又陆续增加了3座新的焦化炉，煤气改善了北京烧煤时期造成的污染情

---

[1]　您还记得北京东南角的焦化厂吗？据说这里将来比798还时髦 [EB/OL]. http://www.360doc.com/content/17/0803/16/32773547_676391127.shtml.

况，大气状况明显好转，焦化厂成为北京城市环保建设的功臣。

历史的车轮缓缓转动，2008年北京奥运会临近，政府部门统筹一切力量为奥运会服务，其中重要的一关便是环境保护关。那时的北京水资源短缺、能源结构单一与环境污染严重的问题已经露出苗头，煤气已经不符合新时期的环保需求，更加清洁的天然气成为能源舞台的主角。北京市委、市政府做出了及时又颇有勇气的决定，出台政策，规定在2008年之前，东南部化工区和四环路内200多家污染企业全部完成调整搬迁工作。由于环保局专家对焦化厂消耗燃煤造成的空气污染发出了警示信号，北京焦化厂也在名单之中。2006年，北京焦化厂全部停产，2008年前完成搬迁，因环保任务诞生的北京焦化厂因为又一项新的环保任务而结束，它用近50年的生命服务着北京，见证了北京能源结构的优化。带着不舍又期待的复杂心情，2017年7月4日，北京完成最后6000多户人工煤气置换天然气，结束了50多年的使用人工煤气的历史。

（二）新风貌延续焦化文化

2009年，北京市相关部门制定了《北京市工业遗产保护与再利用工作导则》，将工业遗产作为北京历史文化名城保护的一项重要内容进行统筹部署，北京焦化厂旧址用地再开发及工业遗产保护的实践便是在此背景下进行的一项尝试。[1]

北京焦化厂搬迁后，炼焦厂区仅保留了烟囱、传送带、蒸馏塔、彩钢顶厂房等标志性建筑以及富有特色的工作区域，腾出的地块面积仍然巨大，将来的保护政策与发展前景是许多人关切的问题，也有许多与之相关

[1] 栾景亮.大型工业废弃地再开发与工业遗产保护的探讨——以北京焦化厂旧址用地改造为例[J].中国园林,2016,32(06):67-71.

的方案。2012年，北京市保障房中心燕枫工程公司总经理孙兴凯入驻焦化厂，经过考量，焦化厂西南角被用来建设安置房。此后，北京焦化厂原址上的保障房规模越来越大，这块广阔空地上拔地而起的高楼成为垡头地区的重要标识物。

除了保障房用地50多公顷，2014年年底在该地区通车的北京地铁7号线占地24公顷。曾经用作焦化厂职工娱乐休闲的北焦公园被较好保留，园中树木种类繁多，还曾有马戏表演、游园会等丰富多彩的活动，园中央的小湖夏天可划船，冬天可玩雪。剩余包含着焦化厂工业遗迹的50公顷土地的保护利用工作则需要更加谨慎又极富创新的思路。

从北焦公园出来后，几栋高楼格外醒目，那是北京炼焦化学厂能源

北焦公园

北焦公园冬景

　　研发科技中心——焦奥中心，它是在焦化厂原址上创新而生的5A级写字楼，将历史底蕴与前沿科技融合在一起，设有高端办公写字楼、科技创业孵化器、综合会议服务中心以及商业配套中心。不同于传统的写字楼中规中矩、以实用为最大目的的规划，焦奥中心采用开敞大堂与局部挑空相结合的设计，形成简约又尊贵的商务风格，配以令人眼前一亮的全敞开式玻璃幕墙，低碳友好，与都市环境和谐共生，使建筑在白天与夜晚呈现出不同风格。[1]

　　2018年1月，北京焦化厂入选第一批中国工业遗产保护名录。过去的北京焦化厂为了环保、为了民生而涅槃，未来的北京焦化厂将变成生活宜居、文化氛围浓厚的大型绿色健康生活社区。按照初步规划，有50公顷土

[1]　焦奥中心官网http://www.jiaoaopark.cn/.

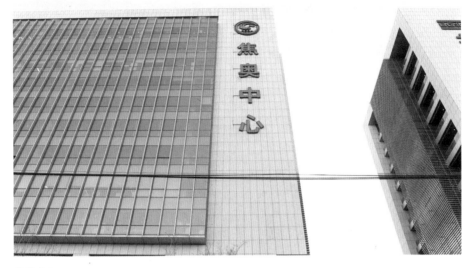

焦奥中心

焦奥中心停车场一角

地将建设为北京东部工业遗址文化园区，目前遗存的既有建筑将全部进行保护。[1]

虽然北京焦化厂改造复兴已取得一定成效，也有着许多的蓝图方案，但是实施起来依旧任重道远。如今的北焦公园稍显冷清，一些配套设施依旧不够完善，缺少重要的文化活动将焦化厂的文化内涵外化，与周边安置房的居住功能融合不够。焦奥中心园区中也可以考虑加入焦化厂的工业遗产要素，使外观更加富有特色。直到2022年4月，焦化厂遗址公园建设尚未收到市、区规划部门制定的具体方案，这里将有怎样崭新的图景，让我们拭目以待。

（三）炉火旁奉献青春

一炉炉火红的煤炭是每一位挥汗如雨的工人的心血，在那个北京东南远郊的"孤岛"厂房中，工人们不畏艰苦，战酷暑，斗严寒，日夜拼搏，日复一日地进行着枯燥但有价值的工作。亲身经历过这一切的焦化厂员工们形容说："在冬季是前胸好几百摄氏度，后背冻成冰疙瘩，特别艰苦。"再苦再难，只要想想这些煤炭将会在自己的手中成为市民炉灶上那一团团火苗，他们就干劲倍增。

在这个由围墙围起来的小小社区中，工作岗位上并肩奋斗的同事下班后是亲切友爱的邻居，每个人都享受着这个小社会带给他们的苦与乐，每个小个体聚集在一起就凝聚成一股坚韧的力量，让焦化炉的炉火越烧越旺。

北京焦化厂见证了北京化学工业的兴与衰。如今的焦化厂正沐浴在工

---

[1] 焦化厂旧址治理完成　遗迹保留建公园 [EB/OL]. http://www.rbc.cn/bjradio/yw/2017-07/13/cms603153article.shtml.

业遗产宣传改造的春风下，曾经在这里奉献青春的人们目睹着这片熟悉的"第二故土"遇上了这样的好机遇，都打心底里感到欣慰。焦化厂遗址公园的建立成为"老焦化人"感叹时光变迁、追忆青春年华的寄托。以北京东部工业遗址文化园区为定位的北京焦化厂新貌也必将吸引更多人前来了解这段城市的工业历史，配套设施的增加与完善也将带动区域活化，与现代城市生活更好地交融。

三、京煤集团

北京是较早开采和使用煤炭的国家首都，从辽代开始，门头沟就是重要的煤炭供应地。"乌金遍地下，百宝满山川"，足见门头沟的煤炭资源十分丰富。明清时期，京西的煤随着阵阵驼铃声沿着古道一直运进阜成门，供给京城，源源不断地为京城输送着热量。

（一）乌金墨玉冠京华

19世纪末，机械动力革新了京西矿区的生产方式，大大提升了采矿效率。发展到20世纪二三十年代，京西矿区的年矿产量超过了百万吨。中华人民共和国成立前，党中央进驻建立平西煤矿公司，即后来的北京矿务局。中华人民共和国成立后，北京煤炭工业焕然一新，机采、炮采、水采等多种生产方式广泛应用，矿井通风、排水等安全设施建设都更加成熟，成为北京引以为傲的一张工业王牌。

进入21世纪，全球化大背景之下北京煤炭工业所面临的环境压力也越来越大，煤炭产业因其较高的环境污染开始受到环保部门的重视，考虑到北京城市发展与定位的变化，北京煤炭产业的发展迎来了第一个波折。

　　2001年，原北京矿务局和原北京市煤炭总公司合并重组，成立了国有独资大企业——京煤集团，中国最大的无烟煤生产和出口基地应运而生。京煤集团的无烟煤品质好，同时环保性强，在东北、华北、华中、华南等地区畅销，甚至远销巴西、韩国等国家。从2001年到2010年，京煤集团资产总量从48亿元增加到247亿元，总收入从24亿元增加到116亿元，所有者权益从19.3亿元增加到99亿元，成为北京市重点骨干企业，进入全国企业500强。[1]始终围绕着首都经济结构调整布局的京煤集团不断推进科技、管理、机制多方创新，为煤炭产业在新时代的发展保驾护航。

　　2009年1月6日，京煤集团贯彻落实科学发展观并极富远瞻性地提出了"强大京煤理念"，以发展为核心，开展综合性业务，灵活转变经济发展方式，为自己重新定位煤炭、城市服务业与房地产三大主导产业，在外部市场竞争激烈和内部发展受限的情况下做出了有效的应对。在煤炭产业方面，京煤集团仍保持有长沟峪、木城涧、大安山、大台四大煤矿，另外还在内蒙古鄂尔多斯建有现代化大型煤矿高家梁煤矿，于2009年正式投产。京煤集团的城市服务业瞄准时代发展趋势，对接需求人群，致力提供旅游产品开发、物流运输、物业经营等多方面服务产品，表现不凡。作为房地产投资者的京煤集团，将目标锁定北京、天津、海南、辽宁、内蒙古5个区域，进行区域整合运营，实施更具特色的区域开发，打造多元的地产建筑，成功实现了"强大京煤、活力京煤、和谐京煤"的企业宗旨。

　　京煤集团的转折点出现在2014年，这年年初，提出了北京是全国政治中心、文化中心、国际交往中心、科技创新中心的城市战略定位。化解煤炭行业产能，是北京市落实首都城市战略定位、全力推动京津冀协同发

---

[1] 本刊记者.乌金墨玉冠京华　石火光恒满乾坤——见证光辉岁月、创新发展的京煤集团[J].中国煤炭工业,2011(06):14-19.

（二）京西煤矿"退场" 绿色产业"接棒"

在退出的过程中，京煤集团遇到了棘手的问题，和所有去产能企业都会遇到的问题一样，京煤集团对员工的安置问题表示压力很大。在京西煤矿生产最火热的20世纪90年代，最多曾容纳10多万名员工和家属，在去产能运动轰轰烈烈之时依然还有3万余人。在安置员工的那段时间，京煤集团的相关领导总是带领着人力资源部等相关部门的人，现场解决问题，提供多条安置途径。对于较高级别的管理人员与技术人才，京煤集团在转型产业的试水中依然有位置等待着他们的到来。

京煤集团妥善安置职工，发挥着国有企业的担当，同时也积极进取，为企业寻找新的出路，不断优化产业结构，多元产业强势发展，[1]依托现有的土地资源，探索生态旅游、健康疗养、体育休闲、遗产旅游等绿色产业，打造以健康产业为龙头、文旅休闲为特色、绿色智慧能源为基础的房山区生命经济生态产业带，以休闲娱乐产业为龙头、原生自然为特色、创意创新为基础的门头沟区地脉文化生态经济圈。[2]具体来说，大台矿区生态资源基底丰厚，环境秀美，进行生态修复，建设康养医疗旅游业，承接城市的养老人口，拓宽医疗资源覆盖范围；木城涧矿区将成立国家冰雪运动训练基地和大众冰雪运动休闲公园，作为大众滑雪旅游场所、滑雪培训机构、专业滑雪设备研发的综合基地，将来大有可为；早年间废弃的王平村煤矿也因其品质良好的户外休闲场地，被初步规划成山地自行车户外休闲场地，矿区运货小货车被打造成观光摆渡车，以全新的样貌重新回到人们的视野。京煤集团以建设京西生态涵养功能定位为立足点，主动追随首都"四个中心"城市战略定位，遵照绿色发展、减量发展、高质量发展的原

[1] 马桂英.京煤集团:向具国际竞争力的现代化企业迈进[J].中国煤炭工业,2018(04):44-45.

[2] 何佳艳.京煤转型[J].投资北京,2017(01):45-47.

则，实现企业高质量发展和百年京西矿区的华丽转身，助力京西地区成为生态环境优美、产业高端集约、文化特色彰显、城市和谐宜居的现代化生态新区。[1]

（三）石火光恒满乾坤

持续为首都贡献光与热的京西煤矿与数以万计的煤矿工人有着密不可分的联系。忙碌了一天，矿工们升井之时就意味着整天的疲累将被一个痛痛快快的热水澡给冲散，这是他们一天中最幸福的时刻。但极其有限的条件只能允许他们在公共浴池中多人共洗，出浴之后留下一池黑黢黢的泛着油光的洗澡水。洗完澡就是供自由支配的欢乐时光了，在食堂吃过饭后，一旁的小杂货店、理发店、水果店等店铺生意便活跃了起来，这片不算大的生活区俨然成了矿工的乐园。即使再苦再累，乐观的矿工们都互相鼓励，原本冰冷的矿区因他们挥洒的汗水变得更加有温度。

京煤集团废弃后的几座煤矿吸引着向往北京煤炭工业的人们。作为年出产百万吨级优质烟煤和无烟煤的大矿的王平村煤矿，吸引着众多的摄影爱好者，他们带着对在此奉献过青春的矿工们的崇高敬意，用拍照、录像等方式记录着它正在远去的背影，记录着那个时代人们赖以生存的美好信仰。

四、京棉厂

在20世纪60年代，北京朝阳区可谓北京的工业重地，汽车、化工、机

---

[1]　北京：2020年煤矿全部退出　近800年采煤史将终结[EB/OL]. http://www.xinhuanet.com//local/2017-01/07/c_1120264889.htm?_t_t_t=0.7391412807628512.

械、电子、纺织，轻重工业等业态丰富，实力雄厚，八里庄便是其中著名的纺织工业区，京棉厂的响亮名号对于那时的人们来说与现在的国企"铁饭碗"差不多，它与西边的首钢，一白一黑，一轻一重，在中华人民共和国成立初期首都的国民经济中占有举足轻重的地位。

在北京产业化结构调整与城市建设发展的过程中，京棉集团选择了与文化创意产业相结合，持续地利用和开发这些工业遗址资源，使自身重新焕发了青春，找到了新的发展方向。

（一）京棉织出千家色

时间的齿轮转回到20世纪50年代。早年间，北京的纺织业规模很小，仅限于一些家庭小作坊和几家小厂家，机械化与专业化程度都较低，因而无法为本地市场提供足够的纺织原料，很长一段时间都依靠外地原料加工。意识到纺织业的巨大缺口，北京棉纺厂筹建小组在1951年成立，在建厂土地征购、设备选购、管理架构与职工培训上下了苦功，两年后终于由纺织工业部敲定方案，建立北京第一棉纺织厂（简称京棉一厂）、北京第二棉纺织厂（简称京棉二厂）、北京第三棉纺织厂（简称京棉三厂），厂址选在十里堡、八里庄一带。那时候这个地区被叫作朝阳关厢，除了零星的建筑，这里大部分都是菜地，一片萧瑟景象，因此筹建人员在这片可以称得上郊外的地界开展工作时遇到了很多不便，克服了不少困难。在晴朗的夜里，奋战了一天的他们抬头望着星星，心中描绘着鳞次栉比的厂房和热火朝天的生产场面，当下的辛苦劳累在北京纺织业的美好明天面前顷刻烟消云散。

从1953年4月京棉一厂工程奠基动工，到1957年5月京棉三厂建成投产，短短4年间3个大型棉纺织厂拔地而起，这一创举加快了北京纺织业生产展开的速度。次年，3家棉纺厂由北京市统一管理，基于对北京纺织业的重视，北京市正式成立了北京市纺织工业局。在北京市过去管理的地方纺织企业中，因投资方式、人员构成以及专业水平的差距，生产的棉纺产品质量参差不齐，难以得到城市消费者的一致认可，更难以面向全国以及国际市场。北京市纺织工业局深思熟虑之后决定统一安排京棉三大厂生产各小厂所用的纱原料，从源头上提升纺织行业产品质量。同时发挥国有企业统筹兼顾的力量，对于应该淘汰的落后产品，从原料上就控制供应，鼓励新兴产品的开发。基于人群的需求，用料的不断创新与改善都是京棉厂需要带头进行的工作，这份艰巨且重要的工作其实正在默默影响着北京纺织业的面貌。步入正轨的京棉厂在制造工艺上不断打磨精进，每个厂都形成了自己的特色产品：京棉一厂出品高级府绸；京棉二厂的"铜亭"牌纯棉精梳纱为畅销产品；京棉三厂的人造棉混纺织物、"花蕾"牌细纺均大受欢迎，获国优产品称号，"景山"牌棉纱、"灯笼"牌氨纶纱、"珍珠"牌坯布等产品，更是在国际纺织制造业名列前茅。北京市纺织工业局也顺势将下属的纺织企业都进行了整合，加强不同企业的业务联系与交流，棉纺、棉织、丝织、印花、染色、毛纺、毛织、针织等不同工艺与流程的完善，使得北京纺织业体系初步形成，各企业术业有专攻，在各自的专业领域大放异彩，北京市民的生活也被五彩缤纷的布料装点上了丰富的色彩。

（二）莱锦凝聚万众情

但随着首都城市功能的不断发展和产业结构的调整，京棉厂也面临着转型撤出的处境。20世纪90年代开始，许多工业领域的国有企业都纷纷因城市发展需要而搬离，原来的厂房用地则作为商业用地出售。1997年，京棉一、二、三厂整合为北京京棉集团，京棉一厂和京棉三厂选择了置换地产的道路，将厂房迁至顺义，原厂址迎来了华堂商场、八里庄百货商场、京棉新城小区进驻，形成了后来这片区域的城市新地标。京棉二厂则用作京棉集团办公，于2009年开始着手改造老厂房，计划创建一个富有活力的文化创意园区——莱锦文化创意产业园。"当时污染行业压阵减产，纺织业第一个做了调整，我们的生产规模逐渐减小。由于产业调整，也为了给2008年北京奥运会贡献蓝天，我们将厂区搬到顺义和延庆，走上了疏解的道路。"[1]莱锦文化创意产业园总经理樊晓伟说。2011年，莱锦文化创意产业园完成了从工业遗迹转型为文化创意产业园区的"腾笼换鸟"，正式诞生。[2]这只"鸟"，是活力充沛的创新之"鸟"，曾经北京纺织业的光辉在这片围墙里谱写，如今这只"鸟"守护着北京更前沿更新鲜的创意产业茁壮成长，成为定福庄传媒走廊上的重要节点，也是保护与利用工业文化遗产的重点项目。

莱锦文化创意产业园由日本著名建筑大师隈研吾设计，纺织工厂因需要通透光线设计的锯齿状厂房被最大程度地保留，改造成独栋的工作室，营造出复古与新潮并存的新型建筑样式。砖混结构的危房也被改造成航母工作室，旧建筑在这里延续着它们全新的灿烂生命。除了原有京棉集团的办公业务，文化创意产业园中还有众多知名影视传媒公司，如华策影视、山东影视、巨室音乐娱乐制作公司等，另外一些电商品牌与设计品牌也将分部设于此，凸显了莱锦强大的文化聚集吸引力。

在城市转型发展这一历久弥新的话题下，莱锦文化创意产业园为北京其他相似的工业旧址提供了"工业遗迹+文创园"的优秀案例，在探索一条

---

[1]　纺织城数个大型纺织厂连成片　如今变身文创园[EB/OL].https://baijiahao.baidu.com/s?id=1617133071226805993&wfr=spider&for=pc.

[2]　本报评论员.腾笼换鸟，再立潮头[N].北京日报,2018-10-2.

京棉集团门口

莱锦文化创意产业园

又一条产业转型换代道路的过程中，曾经的工业记忆已内化成一种文化，随着大众创业、万众创新的推进，这种文化与精神将长存于城市空间之中。

（三）古今依旧的赤诚

织布机的推广和东部纺织城的发展，大大提升了人们的生活水平，京棉厂在北京国民经济中像一棵大树牢牢地扎根在人们心中。

20世纪七八十年代，大批毕业后被分配来的年轻人来到京棉厂，在京棉一、二、三厂的各个岗位散发着光与热，国营企业的福利与待遇，让每一位职工都倍感幸运，倍加珍惜。同时京棉厂也是首都城市社会经济发展的基本单元，是独具北京特色的城市空间组织细胞，厂中生活区与工作区的交流互动成为京棉厂职工记忆最深刻的一部分。那时京棉厂厂区有着大厂"标配"的梧桐树，夏季枝繁叶茂的程度已经近乎遮天蔽日；偶尔穿插着一些柿子树，秋天就是硕果累累，柿子掉到地上像绽放的烟花；下雨的时候，蚯蚓活跃在路面上，小朋友们在上学路上都小心翼翼地走着……在这个社区中，成员随着家庭生活的发展日益增多，"厂二代""厂三代"的成长为厂区留下了更加厚重、更加多样的记忆。

昔日忙碌的纺织厂房，如今早已经没有了纺织机器的轰鸣声，取而代之的是规整安宁、时尚现代、拥有浓厚城市记忆和文化烙印的文化创意产业园区。在莱锦文化创意产业园中聚集着很多对这段纺织工业历史感兴趣的文创产业从业人员，他们追忆着这片土地上纺织工业曾经的辉煌，见证着京棉厂的华丽转身，浓烈的民族自豪感油然而生。带着继续传承这份精神的心愿，在每个小小的工位隔间中，一颗颗为城市美好明天努力的心依旧像60多年前每张机床前的纺织工人一样赤诚！

五、北京卫星制造厂

（一）扬我国威

北京卫星制造厂成立于1958年，厂区占地7.5万平方米，隶属中国空间技术研究院，前身为中国科学院北京科学仪器厂。1965年，该厂参与研制我国第一颗人造地球卫星，成为我国首颗人造地球卫星"东方红一号"的诞生地。建厂以来，北京卫星制造厂为卫星和飞船的机械电子产品研制、测试发射场服务做出了巨大贡献，为我国航天事业发展和国防现代化建设保驾护航。

在厂区之内，一号与四号厂房可谓战略重地，见证了一代又一代航天人的顽强拼搏与不懈攻坚。

北京卫星制造厂南门

北京卫星制造厂南侧厂房

　　一号厂房始建于1958年，1962年投入使用，厂房占地1.3万平方米，具有鲜明的苏联式工厂建筑风格，古朴大方。从"东方红一号"人造卫星、神舟飞船到"天宫一号"目标飞行器的研制，我国航天器大部分结构的产品加工均在一号厂房完成，可以说一号厂房见证了我国航天事业的发展。

　　四号厂房是卫星专用总装厂房，关心我国航天事业发展的国家领导人和国际友人常将四号厂房作为视察、了解我国卫星研制工作的第一选择。四号厂房建成于1982年，1983—2001年的18年间，四号厂房共完成了38颗（艘）卫星、飞船的总装任务，包括第一颗"东方红二号"卫星、第一颗"资源一号"卫星、第一颗"风云一号"卫星、第一颗"北斗一号"卫星等，在中国航天史上写下了光辉的一页。第一位进入太空的美籍华裔宇航员王赣骏，世界第一位女宇航员捷列什科娃，著名航天员叶里谢耶夫都参观过四号厂房。可以说四号厂房既见证了中国航天的辉煌，也成为了中国航天面向世界的窗口。此外，作为核心物项的坐标镗床、坐标镗铣床、万能工具铣床都在我国空间事业的发展中发挥过重要作用。

在中国航天史中具有里程碑意义的卫星及飞船的研制工作，都有北京卫星制造厂的身影，60多年的苦心钻研、开拓进取，一代又一代航天人以咬牙的拼劲，造就了我国空间飞行器制造技术等方面的雄厚实力。

（二）创新决胜

为保证厂房能够适应中国航天不断发展的科研生产需求，2000年后，厂区对一、二、三、四号厂房进行了数项改造升级及维护性修缮。2018年，北京卫星制造厂入选第二批国家工业遗产名单，核心物项包括一号、四号厂房，坐标镗床，坐标镗铣床，万能工具铣床，"东方红一号"卫星诞生地纪念碑。目前，在该厂区设立了专门的中关村厂区管理办公室。后续，北京卫星制造厂将按照充分保护、环境友好、社会价值提升的原则，继续充分发挥多年来在航天器制造领域积累的技术、历史、文化以及区位优势，建设商业航天科技文化创新园，打造航天科技产业体验馆、商业航天企业孵化园、航天科普教育基地等设施和项目。

历经岁月变迁，北京卫星制造厂中关村厂区正用它特有的方式诉说着历史，传承着文化，更激励着一代代航天人，携手并肩，抓住机遇，与时俱进，锐意创新，小到日常家电，大到精品卫星和飞船，为国家的科技发展奉献力量。

（三）航天精神永流传

在低调坐落于海淀区的北京卫星制造厂中，记录着中华人民共和国成立以来最具先进性与代表性的工业文化之一——航天工业文化。

　　也许北京市民对以前比较神秘的北京卫星制造厂知之甚少，但这个厂房大院中的回忆、足迹、身影，对厂里的老员工来说是魂牵梦萦的。有食堂小炒、米粉的舌尖回忆；有大学毕业后就来到厂里，遇到生命中另一半的温馨故事；有克服简陋的环境、材料的短缺为国家挣足尊严自信的热血记忆。一代代将航天精神传承下去的中国航天人，就是在这一段段故事之中挥洒着青春和汗水，这里也成为北京卫星制造厂老职工们终生不会抹去的记忆！

　　对于普通北京市民而言，深藏在知春路上的北京卫星制造厂一直是神秘与低调的，随着我国航天事业的发展，航天城区域的航天事业版图持续铺开，曾经的北京卫星制造厂一跃成为国家工业遗产，这里的梦想与情怀伴随着众多的目光聚焦为更多人所了解，宝贵的航天精神为更多人所传扬。

　　梳理北京卫星制造厂的发展史，可以透视我国航天工业发展不同阶段的重要信息与历史进程，它见证了中国航天自力更生、艰苦奋斗、勇攀科技高峰的伟大历程，是具有鲜明时代特征的航天工业遗产。

第六章 电子产业的时空记忆

　　电子产业最初包含研制和生产电子设备及各种电子器件、仪器的工业，一般是军民结合型工业，后随着电子信息技术的发展，电信通信成为信息化社会的重要支柱，电报一度成为市民生活中不可或缺的一部分。电子产业率先在发达国家发展起来，已成为衡量国民经济发展水平的重要工业部门，从不同的深度和广度影响社会生活的许多方面。

　　20世纪50年代，一些以"7"开头编号的工厂在北京东部连成一片。几十年过去了，798、751这些数字已不再是一个工厂编号，而是成为了全新又独特的文化景观。

一、798 厂——798 艺术区

（一）高新技术聚集

　　798艺术区位于北京市朝阳区酒仙桥街道大山子地区，该地原是"一五"时期建设的"北京华北无线电联合器材厂"。

　　20世纪50年代，北京城市规划建设如火如荼，现代工业部分面临很大的缺口。在多方筹措之下，终于让"718"、"774"（北京电子管厂）、"738"（北京有线电总厂）3个国家重点工程一起落户京城。在当时，对于工业基础尚且薄弱、以"消费城市"著称的北京来说，已算得上是"高新技术产业"。1957年10月5日，在当时人烟稀少的大山子，国营华北无线电联合器材厂（又名718联合厂）建成，对我国电子工业建设、国防工业建设和通信工业建设具有卓越的贡献。直到1964年，718联合厂拆分为706厂、707厂、718厂、797厂、798厂、751厂6个分厂。2001年9月，其中的5家工厂与700

798 艺术区

厂重组，整合为北京七星华电科技集团有限责任公司，简称"七星电子"。2017年2月，七星电子改名为北方华创科技集团股份有限公司，对资产进行整合，推出全新品牌"北方华创"（NAURA）。[1]

（二）艺术人生开启

798厂在产业重组发展之时，注意到空闲厂房的利用是个值得思考的问题，经过商讨后前瞻性地投入艺术园区的创建及相关产业发展。七星集团原计划将这部分厂区规划为中关村电子城，2005年完成拆迁。为了使这部分房产在这段时间得到充分的利用，七星集团将这些厂房陆续进行了出租。2002年2月，一位美国艺术家租用了798厂的回民食堂，将艺术书店

---

[1] 北方华创官网 https://www.naura.com/index.php/about/history.html.

带入798厂，这是入驻798厂的第一家艺术机构，这被认为是798艺术区的开始。798接纳艺术功能的空间入驻这一消息逐渐在艺术家圈子中传播开来。其后从日本归来的艺术家黄锐不仅在798艺术区设立了自己的个人工作室，而且介绍日本的东京画廊在他工作室旁边租用了一个400平方米的车间，设立了东京艺术工程画廊。798艺术区的出现，让曾经处于半地下状态的当代艺术找到了向阳而生的空间。在这些先锋艺术家的领头下，这些废弃的厂房逐渐被艺术圈青睐与追捧，一系列艺术家牵头的活动使得798艺术区的影响力日益扩大。2005年后，798艺术区迎来艺术机构数量的激增，进入以艺术品交易为主要业态增量的发展期。2008年，随着北京奥运会的成功举办，园区在国内外的影响力日益扩大，798艺术区成为北京市的文化旅游名片。[1]

2016年起，798艺术区进入全面升级的发展时期。经过10多年的发展，798艺术区已逐步实现从原生态的电子制造工厂，向多种文化业态相融合的文化创意产业集聚区的逐步转型，并于2018年1月入选第一批中国工业遗产保护名录。目前，798艺术区已成为中国现当代文化艺术的风向标和文化名片，"798"也已经演化为一个文化概念，成为中外文化艺术交流的重要平台。

（三）锤炼出的国际艺术平台

在798艺术区内，工业厂房依次有序排开，砖墙保留着最初的气息，工厂内管道纵横、错落有致。在对工厂内部的改造中，保留了墙壁上的红色标语和一部分的机器设备，与现代艺术作品相互辉映，不仅保留了人文和历史文化，也凸显了现代生活为我们带来的乐趣。[2]

---

[1]　李欣然.在曲折中发展的798艺术区 [J].美与时代（城市版）,2017(09):96-97.

[2]　时晓蕾,朱华.城市发展中的工业遗产 [J].品牌研究,2018(02):80-81+127.

失恋博物馆

　　在798艺术区内，根据不同区域的基底特点，策划了不同的文化遗产保护模式。（1）专题博物馆模式：它的博物馆主要包括3D博物馆、798国际设计馆、亚洲艺术中心、798艺术工厂等知名艺术机构。（2）工业景观公园模式：在包豪斯建筑基础上开设了一系列画廊、设计室、艺术展示空间、艺术家工作室、时尚店铺、餐饮酒吧，形成了一个具有工业景观的艺术公园。（3）文旅消费模式：在工业遗存开发保护利用的基础上开展旅游消费业，园区内不仅有类似于京客隆购物广场的综合性购物广场，更多的是散落在街角小巷的各种小型艺术消费场所，这种小的艺术品店铺可以促进园区的消费，同时向全世界打出北京798艺术区独具特色的名片。（4）文化创意传播模式：成为知名艺术机构聚集地和前卫艺术活动的举办地。它的商业艺术区包括UCCA尤伦斯当代艺术中心、林冠画廊、佩斯画廊、北京季节画

画廊周宣传牌

UCCA 尤伦斯当代艺术中心

廊、小柯剧场等在内的知名艺术机构。同时798艺术区也在尝试打造以市场化方式传播中华文化的重要平台，推动文化事业产业化发展。其与中俄大基金联手，打造798艺术专项基金；重点投资近现代及当代艺术，助力中国优秀近现代及当代艺术品走出去，将国外优秀艺术品引进来。同时，为顺应文化艺术消费潮流，利用互联网平台成立了798艺苑（E PARTY）互联网交易平台，推广青年艺术家作品，使原创艺术品走进千家万户。

除了单独纯粹的工作室，798艺术区内还逐渐发展出画廊、艺术中心、设计公司、文创零售、餐饮酒吧等各种空间的集合体，形成了具有国际化色彩的"SOHO式艺术聚落"和"LOFT生活方式"，将建筑元素、艺术元素、文化消费结合在一起。798艺术区原有的历史基底与新时代的北京城市发展有机结合，呈现出一派祥和的气象。798艺术区不仅成为海内外游客的

798红石广场一角

餐饮一条街

餐饮与艺术空间

热门打卡地，更成为了当代艺术发展和城市更新的北京注脚。

总体来说，798艺术区在工业遗产改造上可以被视为一个表现出色的排头兵，政策提供的机遇和艺术家们的选择共同促成了这样一种美妙的化学作用，这片在北京城中被遗忘的历史地借由艺术家们手中的、心中的妙笔，开出了绚烂多姿的花朵，这里成为了文化与艺术的聚焦点。这样的创意为城市的过去与现在甚至未来的纽带如何连接提供了极具新意的思路，老建筑不再象征着破旧与阻碍，只要因地制宜，工业文化遗产在经济社会中的文化活力、商业活力也将令人瞩目，它既能够提供优质的旅游产品，也将促进工业遗产与遗产旅游的可持续发展。[1]

二、751厂——751 D·PARK北京时尚设计广场

（一）国营大厂的华丽转身

国营751厂建于1954年，是我国"一五"期间重点建设的156个大型骨干工业项目之一，为电子产业提供综合能源供应及保障。热电产业和煤气产业曾是其两个主产业，热电产业目前仍在持续发展并不断扩大。煤气产业经过20世纪80年代、90年代两次扩建，日产重油裂解煤气达到80万立方米，为北京城市发展、生产生活提供了稳定的保障。751厂曾与北京焦化厂、首钢煤气厂并列为首都三大人工煤气气源厂。

2003年，北京市进行能源结构调整，要求退出煤气生产，热火朝天的生产场景开始黯淡下来。2005年年末，北京市确立了大力发展文化创意产业的城市发展战略，一大批老旧工业厂房在去留的摇摆中开始寻求涅槃之

---

[1] 孔建华.北京798艺术区发展研究[J].新视野,2009(01):27-30+60.

路。751厂正式停止煤气生产，其中的煤气罐和管道见证了中国工业的发展，拆除还是保留一直受到外界普遍关注。2008年，751厂改制为北京正东电子动力集团有限公司，遵循"整体规划，分步实施，整合资源，协调发展"的发展思路，借鉴798厂的成功运营模式，751厂的老旧工业遗址也得以全部保留，在保留鲜明的工业资源特色基础上，先后对老炉区南、北广场，铁路专用线等场地进行了基础改造，使老厂区以751 D·PARK的崭新面貌呈现在大众面前。

（二）涅槃重生的时尚基地

老厂房旧貌以及机械设备的保留，为整个区域的年代感氛围加分不少，很快吸引了众多文创企业入驻。短短几年的时间，751就吸引了超过150家文创企业，有很多著名设计工作室或者与之相关的配套机构入驻。老炉区、蒸汽机火车头、第一车间等工业遗存成为751时尚发布的重要标志符号。脱硫车间被改造为三层的创意空间，10个高低错落的红色脱硫罐点缀在一旁。751设计品相关商店、旋转楼梯式图书馆、阳光舞台一应俱全，成为设计师们交流活动的乐园。很多一线时尚品牌似乎对这片厂房情有独钟，"751发布"甚至成为时尚界的时尚。目前园区已经成为北京国际交往的一个重要平台，也成为北京时尚生活的一个新的地标。

751 D·PARK北京时尚设计广场与798艺术区相连，在老工业厂房的保护与改造上，利用原属煤气厂留存的工业资源特色，吸引着众多游客，成为重要的旅游打卡地。核心物项有15万立方米煤气储罐（现称为79罐）、脱硫塔（现改为时尚回廊）、火车专运线（现改造为火车头广场）、动力管廊（现改造为廊桥—空中步道）、裂解炉及附属工艺区域（现改为动力广场、炉区广场）。步入751街区，映入眼帘的是各种大型钢铁建筑和机器，

751 D·PARK 北京时尚设计广场

　　以及纵横交错的金属管道，这里主打的是创意满满的设计感，走上751火车头广场的站台，靠近锈迹斑斑的车厢，可以回味逝去岁月中气势磅礴的蒸汽机车带来的厚重历史，感悟时代变迁与创意气息赋予老火车新的生命延续。如今这里也是服装广告拍摄和新人婚纱摄影的首选外景地。

　　除了视觉上的冲击，751 D·PARK找准主题，将工业遗存与科技、时尚、艺术、文化紧密结合，致力于发展创意设计、产品交易、品牌发布、演艺展示等产业，推动以服装设计为引领，涵盖多门类跨界设计领域时尚设计产业的发展，[1]建设国内外时尚创意设计产业互动交流平台，打造以时尚设计为核心、引领北京时尚生活体验的文化创意产业集聚区。从2011年开始，在751 D·PARK北京时尚设计广场内已连续6年成功举办了北京国际设计周——751国际设计节，751国际设计节是北京国际设计周最重要的

[1]　赵阳.751：工业历史与创意设计的华美乐章[J].北京规划建设,2014(06):105-109.

79 罐

时尚回廊

火车头广场

火车头

廊桥—空中步道

动力广场

炉区广场

项目之一，每年9月面向公众开放。[1]该项目旨在为中外创意设计主体提供展示、交易、交流的平台，打造国际化、高水准、专业性强、开放创新的设计盛会。

继2018年11月上榜第二批国家工业遗产名单后，751 D·PARK发展再上新台阶，2020年11月入选首届北京网红打卡地榜单，2021年10月入选北京市首批旅游休闲街区。相比于751厂，751 D·PARK北京时尚设计广场改头换面，通过极具主题性的规划，将展现城市历史风貌与承载科技服务业和文化创意产业的新功能很好地结合起来，成为北京时尚产业与高新创意产业的行业标杆。

[1] 朱晨辉. 751文创园：老厂房华丽转身时尚设计广场 [N]. 中国企业报,2016-11-22(017). DOI:10.28123/n.cnki.ncqyb.

（三）"出圈"的时尚地块

在751厂涅槃重生背后，政府通过宏观调节机制和强大的社会力量调度能力，解决了老旧厂房和工业遗产改造过程中面临的棘手问题，为其健康发展保驾护航。

在很长一段时间里，751 D·PARK里面熙熙攘攘的游客中，很多人不知道798和751是两个独立的园区。如今，这两个"邻居"各自都竖起了自己的标志，一个文艺，一个时尚。在798艺术区的盛名之下，751 D·PARK逐渐凸显出自己的时尚风格，知名度直线攀升。随着越来越多的人与751 D·PARK产生互动，大众对于751 D·PARK的新意给予了高度评价，认为其是北京多元化文化的一个缩影，这样的多样性是一个城市魅力的重要体现。如国家设计管理研究中心主任所说，根据中央的定位，朝阳区是建设

751 中央大厅

全国文化中心的主战场，而751 D·PARK又在这个中心的中心。[1]作为全国文化中心建设的排头兵，751 D·PARK敢于创新、走在前沿，相信在这个特色鲜明的时尚地标的发展过程中，会向人们展现出更具特色和借鉴意义的"751模式"。[2]

三、738厂——兆维工业园

（一）自主科研的阵地

1949年中华人民共和国成立以来，我国在短时间内建立了门类齐全的工业体系，科研机构逐步健全。随着国民经济的发展，需要完成技术的升级和改造，实现社会主义工业化和现代化，科学技术的发展成为当务之急，制定科学技术发展规划的工作被正式提上了日程。

地处北京东郊的国营738厂（原国营北京有线电厂）建于1957年9月，由苏联援建，是我国"一五"期间重点建设的156个大型骨干工业项目之一。738厂曾成功研制生产了我国第一部自动电话交换机、第一台电子管数字计算机、第一台晶体管计算机、第一台超百万次大型计算机、第一台0500系列微机，并为我国第一颗原子弹、氢弹爆炸成功及第一颗卫星成功发射等重大工程做出了重要贡献。[3]改革开放之前，中国的企业只能完全靠自己独立自主地进行技术开发。在738厂与国内科研院所的共同努力之下，多种计算机产品研发成功，在电子管计算机、晶体管计算机、集成电路计

[1] 751厂"变形"记[EB/OL].https://mp.weixin.qq.com/s/OVFN3j61wfhDQiLl7J8IWA.

[2] 汤艺一.工业遗产资源开发利用路径探究——以北京751D·PARK时尚设计广场为例[J].中国市场,2021(05):57-58.

[3] 【第二批国家工业遗产】国营738厂——新中国电子工业摇篮[EB/OL].http://www.cinn.cn/gywh/201905/t20190509_211900.html.

算机等领域进行了产业化生产，在一些关键领域填补了国家空白，不仅为企业创收，提升了国家产业经济水平，还为之后的电子技术研发积累了经验，增强了技术实力。

20世纪80年代，在积极主动学习新鲜知识的科研人员的带领下，738厂开始关注微型机的开发，随着微处理芯片集成度的提高和功能的完善，微型计算机得到很快发展。通过对国际上微型机发展情况的分析，738厂设计开发了多种微型计算机机型，在技术、质量、性能和价格等方面都做到最优。738厂越发活跃，也在国内国际逐渐提高了知名度。

从"一五"至"七五"计划期间，738厂对交换机、计算机两条生产线先后共进行了5次较大规模的调整，构成了企业内部较为紧凑、完整，产业链布局合理的生产布局。同时，738厂积极借鉴世界各国不断更新换代的先进技术成果，在印制板、小型计算机、用户程控交换机等领域引进了先进生产线，走上了以技术引进促技术改造、提高技术水平的道路。[1]

（二）科技创新的前沿

1997年9月，经北京市人民政府经济委员会批准，738厂改制成立北京兆维电子（集团）有限责任公司（下称兆维集团），成为北京电子控股有限责任公司下属的全资企业，以新样貌在通信行业找到了自己的定位。兆维集团与中关村科技园电子城园区按照"一区多园"模式共同创办了高新技术产业园区"兆维工业园"，并与北京电信建立了全面战略合作伙伴关系。

2009年起，兆维集团经过大规模资产重组和业务调整，以通信技术、大数据为发展重点，形成高科技产业与科技服务产业并发成长、相融共生

---

[1] 北京有线电厂：开路先锋738[N]. 中国计算机报,2006-10-23(A04).DOI:10.28468/n.cnki. njsjb.2006.001430.

的发展格局。其中，高科技产业立足自主创新，以技术研发中心为中坚力量，借助"纵向多元化"的开拓路径，培育形成智能金融装备、智能工厂装备和特种装备系统三大旗舰业务，运用内涵式增长与外延式扩张相结合的发展模式，逐步打造智能装备领域的卓越品牌。科技服务产业充分利用跨京津两地的"两市一园四中心"（四中心：天津中心、亚运村中心、亦庄中心、顺义中心）空间布局，以智慧化生态，为科技产业发展提供优化升级等高端支持性服务，并以绿色、高效的智能化生产新体系进军高端制造领域，合作伙伴遍布全球。

2018年11月，738厂入选第二批国家工业遗产名单，核心物项包括"五角大楼"及附属工业景观、我国第一代0500系列微型计算机、我国第一台立德牌ATM机、模拟程控交换机等老一代电子产品，以及建厂以来历史档案、影音资料等。

在新的发展形势和市场环境下，兆维集团秉承"科学、进取、创新、发展"的经营理念，开放合作、务实进取的工作态度，不断提高自主创新能力，持续增强企业核心竞争力，承担了一大批国家科技研发项目和重点建设工程，为我国民族工业的发展和国防现代化建设做出了突出贡献，已形成了以自助服务设备、光通信、网络多媒体、通信及相关设备制造、通信网络优化系列产品、金融电子与印刷材料等产品体系构成的完整的产业链。在738厂的工业遗产之上，兆维集团继承发扬科研前辈们敢为人先、保持敏锐的优良传统，结合北京发展高精尖产业的定位，将为北京高端制造业蓝图添上浓墨重彩的一笔。

（三）体制机制创新之路

738厂一路走来，摸清自己的发展方向，以锐意进取的创新实践走出了

兆维工业园

兆维大厦

一条体制机制创新之路,"大包袱"变成了"聚宝盆",封闭的"军工大院"变成了国际化的"高科技产业园",[1]同时发挥触媒效应,推动了周边工业区的发展,为首都经济发展做出了重大贡献。这份厚重的工业遗产依旧在兆维集团的锐意进取下散发着光芒,印证了"唯有创新才能造就新前景"这句箴言。

四、北京电报大楼

(一) 纸短情长

北京电报大楼位于西长安街11号,作为中国第一座新式电报大楼,它承担了全国电报通信总枢纽的重要责任,这意味着当时全国各地的电报都需要经过这个大的集散地,再四散到各个省市县。在电报业务最为繁忙的20世纪80年代,北京电报大楼每个月的业务量能达到300万以上,电报部门规模庞大,有员工上千人,机器200多台,其营业厅曾为亚洲最大的电信业务综合营业厅。

1955年11月,北京电信局成立了"005工程处",正式开始建设电报大楼,由中国建筑设计师林乐义主持设计。北京电报大楼于1956年5月开始修建,1958年9月29日竣工,荣获中国建筑学会建筑创作大奖,入编英国权威世界建筑通史。[2]

北京电报大楼在人民邮电事业中地位很高,中国邮政曾经发行了《北京电报大楼落成》纪念邮票一套2枚,这成为不少从未来过北京的人对北京电报大楼的第一印象,那高耸厚实的建筑外立面,一看就叫人心里很踏

[1] 侯莎莎.老工业基地里走出"798"[N].北京日报,2020-11-26(014).

[2] 顾孟潮.北京电报大楼背后的故事[J].北京观察,2017(07):65.

实。这里可以发电报、打长途电话，仿佛这里是一扇与外界接触的窗子，有什么时事新闻或者家中要事，都能够从这里一探究竟。而电报大楼上的钟声经久不衰，也曾是新中国、新北京的重要标志。

作为全国的重要通信枢纽，北京电报大楼一直是忙碌的，楼里灯火通明，亮堂堂的，给人安全感。像灯泡一样发光发热的还有各个岗位24小时轮班的职员们，电报机一般放在三层以上，急促的发电报声音在一楼营业厅都能听见，大厅里也经常是奔跑穿梭着的匆忙的身影。当时的电报采用的是汉字四位数电报码，即"四位数字代表一个汉字，没有任何规律可言，必须死记硬背"。[1]《永不消逝的电波》这一电报题材的电影上映后一度掀起全民背电报码的热潮，电报员成为大家都很向往的职业。但这项背电报码的技术并非一朝一夕就能学会的，只有功夫下得深，并且经过长期的训练，才能熟练掌握，有的老电报员已经练到了听到一个汉字就能马上条件反射一般说出正确的4个阿拉伯数字代码的程度。

电报大楼也经历过一些突发状况，如在1976年唐山大地震这样的天灾面前，电报大楼成为人们与异地亲人联系的唯一纽带，人们不约而同地抓住了这最后一根稻草，从几百封到上万封，所有能用来装信封的袋子、容器都被塞得满满的，传送带上的电报堆积成山，一句心急如焚的问候"你没事吧？"，抑或是一句简单的"我们安好"，只言片语却又包含着万语千言。

20世纪80年代末，随着人们生活水平的提升与电报行业日新月异的变化，电报行业推出了礼仪电报，根据顾客的要求，可以送花篮、蛋糕等礼物。曾有一位老送报员，靠一封电报帮人"做媒"：一位小伙子追求一位姑

---

[1] 苏祈.失业"职人"：被时代抛弃,留下一身很酷的本事[J].时代邮刊,2019(12):13-15.

娘，连续请送报员送了 15 天"鲜花电报"，送报员也在旁帮小伙子说好话，最终促成了这段佳缘，两人结婚后，还来向送报员致谢。一封几毛钱的电报，承载着浪漫的气息。

（二）记忆永留存

随着电话越来越普及，电报业务逐渐沉寂。2001 年 8 月 1 日，公众电报特急加急业务被取消，电报不再像从前一样与人们的生活紧密相连。2017 年 6 月 15 日，陪伴了北京人 59 年的电报大楼一层营业厅正式停业，北京唯一的电报业务窗口搬至复兴门内大街长话大楼营业厅。电报大楼里仅留下两位电报员坚守岗位，负责全国电报业务的往来。这个曾经繁华热闹的大厅，基本上告别了电报。但在仅存的业务窗口下，现在依然会有人发电报，一些父母会在孩子重要的日子如生日、升学、结婚当天富有仪式感地发一封电报，孩子对父母、学生对老师也会郑重地用电报送出节日祝福。电报是最早使用电进行通信的一种通信方式，同时也承载了那个时代人们的工作、生活和梦想。在时间的沉淀中，它的价值更加厚重，如现在留守在北京电报大楼的一位电报员所说："我在这里，就是想让这种记忆更长远一些。"

2020 年，工业和信息化部公布第四批国家工业遗产名单，北京电报大楼入选，核心物项有：北京电报大楼；7512（丙）型电子管无线收报机，BD055 型电传打字机，电报投递用摩托车，北京电报局牌匾，晶体管电子式计费设备程序操作表，1952 年版《标准电码本》，北京电报局营业日戳和营业时间牌，《东方红》报时曲音乐，20 世纪 50—80 年代老照片。但似乎只有北京内城的居民以及从事通信行业的人们才对北京电报大楼或多或少有些了解。在人群熙熙攘攘的长安街上，很少有外来游客注意到它，更不用说了解它辉煌的历史与感人至深的故事。入选工业遗产对于北京电报大楼来说是一件值得高兴的事情，最老牌的仪器、电码本、最有符号感的牌匾都受到了保护。

如今手机、网络技术越来越发达，传统电报正逐渐淡出人们的视野，属于它的时代已经消逝。可人们却总是在怀念，怀念那个书信、车马都很慢的年代，似乎感情也会因那对比之下的慢而更加细水长流。好在，这座北京电报大楼还在，人们的记忆也一直在。

（三）城市文化的符号

从人类文明的进程看，电信取代烽火、旗语、灯塔、纸信，成为沟通

北京电报大楼外观

交流信息的工具，无疑是伟大创举，电信不仅节省了我们的脚力、体力，扩展了我们的听力、目力，更在精神和智慧层面丰富、充实了我们的生活。20世纪50年代起北京城上空有了报时的钟声，音色低沉，婉转如歌，缓缓流出，没有纷杂，没有焦虑，没有时光流逝的催促。这座如今已经沉寂的北京电报大楼，既是一个建筑精品，又是联络的枢纽，充当着报时的伙伴，日复一日地伴着优美的音乐潜入大家的生活，这份情感羁绊与那段岁月值得永远铭记。